Berechnung von Gleichstrom-Kraftübertragungen

Von

Oswald Burger

Oberingenieur

Mit 24 Abbildungen im Text

Berlin

Verlag von Julius Springer

1932

ISBN-13: 978-3-642-89596-8   e-ISBN-13: 978-3-642-91452-2
DOI: 10.1007/978-3-642-91452-2

Vorwort.

Als ich meine Arbeit über Berechnung von Drehstromkraftübertragungen begann, überlegte ich mir, ob es nicht geraten wäre,
gleich das ganze Gebiet der elektrischen Kraftübertragungen zu
behandeln und mich nicht auf den Drehstrom zu beschränken.
Aber es hatte mich der Wunsch geleitet, das Buch nicht allzu
umfangreich zu machen und damit den Anschaffungspreis niedrig
zu halten, somit hatte ich mich auf die Behandlung des Drehstromes beschränkt.

Das Drehstromsystem spielt heute einen überragenden Anteil
unter den für Kraftübertragung geeigneten Systemen. Neben
ihm spielen Ein- und Zweiphasenanlagen nur eine untergeordnete
Rolle. Auch der Gleichstrom war bereits auf dem Aussterbeetat.
Trotzdem tauchten in neuerer Zeit immer wiederkehrend große
Projekte auf, bei denen das Gleichstromsystem angewendet
werden sollte. Trotz der unleugbaren Vorteile des Gleichstroms
kamen aber derartige Anlagen nicht zur Ausführung. In der
allerletzten Zeit scheinen aber die Aussichten auf Verwirklichung
einiger Projekte gewachsen zu sein, da es inzwischen gelungen
ist, hochgespannten Gleichstrom in andere oder aus anderen
Energieformen oder Stromarten vermittelst statischer Apparate
bzw. durch Einrichtungen mit wirtschaftlich tragbarem Wirkungsgrad zu transformieren.

Während ich mir vorbehalte, zu gegebener Zeit die Be-
sprechung der Kraftübertragungen mit Ein- und Mehrphasen-
strömen hinzuzufügen, habe ich zunächst die Gleichstromübertragung, für die jetzt großes Interesse vorliegt, bearbeitet.

Die Einteilung des Stoffes hält sich nach Möglichkeit an die
für die „Drehstromkraftübertragungen" gewählte. Abweichungen
sind natürlich infolge der anders gearteten Verhältnisse vorhanden.

Über die Erzeugung von Gleichstrom aus Drehstrom und
umgekehrt wird nur eine Aufzählung der verschiedenen Systeme
mit den wichtigsten charakteristischen Eigenschaften gegeben.
Ferner sind ebenso wie bei den „Drehstromkraftübertragungen"

der Überspannungsschutz und Untersuchungen über Schalt-
vorgänge fortgelassen. Es gibt auf diesem Gebiete bedeutende
Arbeiten aus Theorie, Laboratorium und Praxis, so daß man
bei Ausführung neuer Hochspannungs-Gleichstromanlagen schon
genügend Material zur Weiterarbeit besitzen dürfte.

Soweit wirtschaftliche Vergleiche vorkommen, ist versucht
worden, sie möglichst unabhängig von den jeweiligen Preisen zu
machen, damit sie auch späterhin Wert behalten, auch dann,
wenn gegenseitige Preisverschiebungen auftreten oder die Wertig-
keit des Geldmaßstabes Änderungen erfährt.

Wilhelmshorst, August 1932.

O. Burger.

Inhaltsverzeichnis.

Erklärung der Buchstabenbezeichnungen für Formeln und Diagramme.

A = Gegenseitiger Abstand der Seile einer Freileitung,

A_v = Verlustarbeit in kWh/Jahr,

a, b, c, d = Zahlenkonstanten,

$B = N_B$ = Blindleistung in kW (BkW),

E = elektromotorische Kraft in kV,

e = Spannungsverlust bzw. Spannungsabfall in Volt bzw. kV,

f = Frequenz in Hertz (Per./sek),

$f_ü$ = Füllfaktor für Seile,

F = Fläche in m^2,

Gl = Gleichstrom,

H = Betriebsdauer einer Anlage im Jahr in Stdn. und Höhe einer Leitung in cm über dem Erdboden,

h = Benutzungsdauer der Spitze im Jahr in Stdn. (Belastungsdauer),

h_v = Verlustdauer im Jahr in Stdn.,

I, i = Stromstärke in Amp.,

I_{Ko} = Koronastrom in Amp.,

I_K = Kurzschlußstrom in Amp.,

i_c = Ladestrom in Amp.,

j = $\sqrt{-1}$,

k = Strompreis in Mark/kWh bzw. Pf./kWh,

$\Re$ = jährliche Kosten einer Übertragungsanlage,

K = Kapazitätswiderstand (Kondensanz) in kΩ-km je Phase,

L = Streckenlänge in km,

m = eine Konstante,

MW, WVA = Megawatt, Megavoltampere,

$n_L, n_{ST}, n_{Kr}, n_{Tr}$ = Mark/kW der Anlagekosten einer Leitung oder Station eines Kraftwerkes oder eines Transformators,

$N = W$ = Wirkleistung in kW,

$N_B = B$ = Blindleistung in kW(BkW),

O = Oberfläche in m^2,

P = Anlagekosten einer Übertragung in Mark,

p = ein Zahlenfaktor oder Zinssatz,

Q = Querschnitt in mm^2,

q = jährlicher Zinssatz für Verzinsung, Unterhaltung und Amortisation eines Kraftwerkes,

r, R = Ohmscher Widerstand in Ohm oder Kiloohm,

R_{Ko} = Koronawiderstand in kΩ/km,

r_s, R_s = spezifischer Widerstand in Ohm bzw. kΩ je mm^2 und je km,

t = Zeit in Sekunden,

U = Spannung in Volt bzw. kV,
W = Wirkleistung in kW,
V_{Ko} = Leistungsverlust durch Korona in kW,
y = spezifische Strombelastung in Amp./mm²,
α, β, γ = Winkelgrößen bzw. -faktoren,
δ = Luftdichte (= 1 für 76 cm Hg und 25⁰ C),
ε = Spannungsabfall in vH,
ε_r und ε_s = Ohmscher bzw. induktiver Spannungsabfall in vH,
ε_{Di} = Dielektrizitätskonstante,
η = Wirkungsgrad in vH,
ϑ = Temperaturzunahme in ⁰ C,
τ = Temperatur in ⁰ C,
ϱ = Seilradius in cm,
ω = $2\,\pi f$ = Kreisfrequenz.

Druckfehlerberichtigung.

Seite 6, Tabelle 1, Spalte 5, lies: $\sqrt{3}\,U$ statt: $\sqrt{3}\,\bar{U}$.

Seite 45, 2. Absatz, 4. Zeile, lies: Gleichstrom-Drehstrom statt: Drehstrom-Gleichstrom.

I. Einleitung.

Vor jetzt hundert Jahren entdeckte Faraday das Prinzip der elektromagnetischen Induktion (29. August 1831). Es wurde dies der Ausgangspunkt der Entwickelung der Erzeugung des elektrischen Stromes für Starkstromzwecke. Nicht mehr die unzureichenden Primärbatterien gaben den erforderlichen Strom, sondern rotierende Generatoren, die von mechanischen Kraftquellen (Dampf-, Gas-, Wassermotoren) angetrieben wurden. Die allerersten Maschinen hatten magnetelektrische Erregung, bis dann die zweite epochemachende Erfindung, von Siemens stammend, im Jahre 1866 die Selbsterregung der Generatoren — „das dynamoelektrische Prinzip" — brachte. Nun begann allmählich die Entwickelung der Starkstromtechnik in immer stärker ansteigendem Maße. Von der Stromversorgung einzelner Häuser ging man zur Versorgung städtischer Häuserblocks durch sog. Blockstationen, dann ganzer Städte über. Eine wesentliche Förderung fand die junge Elektrotechnik in der Entwickelung geeigneter Verteilungssysteme und geeigneter Starkstrom-, Schalt-, Sicherheits- und Meßapparate. Hervorragenden Anteil nahm der amerikanische Erfinder Edison an der Entwickelung durch die Einführung des Parallelschaltungssystems (Zwei- und Dreileiteranlagen), Entwickelung der Glühlampen, Sicherungen und vieles mehr.

Während die ersten Anlagen namentlich für die Straßenbeleuchtung in Serienschaltung der einzelnen Verbraucher arbeiteten, ging man rasch zur Parallelschaltung wegen ihrer unleugbaren Vorteile über. — Es entstanden große städtische Zentralen, für die das Gleichstrom-Parallelschaltungssystem größte Betriebssicherheit, Unabhängigkeit der Verbraucher und ein gleichmäßiges Spannungsniveau im ganzen Netz bot. Dazu kam noch der Vorteil der Akkumulierfähigkeit in großen Akkumulatorenbatterien, wodurch die beste Ausnutzung der Maschinenleistung trotz noch recht ungünstiger Belastungskurven der angeschlossenen Verbraucher ermöglicht wurde.

Als man nunmehr an die Versorgung des flachen Landes ging, genügte der nur mit niedriger Spannung erzeugbare und nicht transformierbare Gleichstrom nicht mehr. Er wurde daher allgemein durch den Wechselstrom zumeist in Form von Drehstrom verdrängt. — Beim Wechselstrom konnte in stationären Apparaten mit verhältnismäßig geringfügigen Verlusten die Spannung beliebig herauf- oder herabgesetzt werden, so daß eine wirtschaftliche Stromverteilung über große Gebiete möglich war, die als sog. Überlandzentralen bald das ganze Land überspannten. Die Kuppelung großer Landesversorgungsnetze durch Höchstspannungsleitungen gelang und erhöhte die Wirtschaftlichkeit der Anlagen. Auch die Sicherheit des Betriebes wurde dadurch verbessert. Die großen Vorteile des Drehstromsystems führten dazu, daß man sich an die direkte Drehstromverteilung in Niederspannungsnetzen der Großstädte begab, meist in Ausführung nach amerikanischem Vorbild nach dem Gitternetzsystem, das einen sehr großen Grad der Betriebssicherheit bot. — Der Gleichstrom, der vor einigen Jahren noch das Feld der Großstadtversorgung beherrschte, wurde immer mehr verdrängt, und wo er noch vorhanden war, nur zur Speisung der Stadtzentren (Cities) behalten, weil hier die Kosten der Umwandlung zu hoch waren. Nicht zu verdrängen vermochte der Wechselstrom den Gleichstrom bei der Bahnstromversorgung für Straßenbahnen und Stadtschnellbahnen. Nur die Speiseleitungen werden bei großen Bahnanlagen mit Drehstrom betrieben. Für Fernbahnen ist der Kampf zwischen Einphasenstrom und Gleichstrom noch nicht entschieden.

In den Anfängen der Kraftübertragungsanlagen in den achtziger Jahren des vorigen Jahrhunderts, als man den Drehstrom noch nicht kannte, wurden einzelne Anlagen mit hochgespanntem Gleichstrom ausgeführt. Als bemerkenswerte Anlagen seien folgende aufgeführt. Die Kraftübertragung von Miesbach nach München mit 2000 Volt Gleichstrom, im Jahre 1882 von Deprez und Miller ausgeführt. Der Schweizer Ingenieur Thury baute ebenfalls in den achtziger Jahren einige Gleichstromkraftübertragungsanlagen. Die erste größere Anlage wurde im Jahre 1887 auf Anregung von Preve für das Industriegebiet von Genua errichtet. Die Betriebsspannung war 2200 Volt. Es wurden die Generatoren im Kraftwerk und die Motoren in den einzelnen Abnahmestellen in Serie geschaltet. Es war damals nämlich nicht möglich, die Gleichstrommaschinen für so hohe Spannungen wie 2200 Volt zu bauen, und es mußten die Maschinen in Serie geschaltet werden, um auf die für eine wirtschaftliche Übertragung erforderliche Spannung zu kommen. Infolge des guten Arbeitens dieser Anlage günstig beeinflußt, entstanden eine Anzahl Gleichstromhochspannungsanlagen nach dem Seriensystem, bis dann der Drehstrom dieses System wieder verdrängte sowohl wegen der leichten Transformierbarkeit als auch weil die Maschinen nicht die stets empfindlichen Kollektoren benötigten.

Über die Gleichstromserienanlagen berichtete der Erbauer und bekannte Spezialist auf dem Gebiet der Gleichstromserienanlagen Thury anläßlich der 50-Jahr-Jubiläumsfeier 1930 des Elektrotechnischen Vereins[1]. Die bedeutendste Anlage, die auch heute noch in Betrieb ist, ist die von Moutièrs in Savoyen nach Lyon. Diese Anlage vergrößerte sich ständig und arbeitet zur vollsten Zufriedenheit. Im Jahre 1906 war die Übertragungslänge 360 km, die Betriebsspannung 58 kV, der Betriebsstrom 75 Amp. entsprechend einer Leistung von 4350 kW. Im Jahre 1930 war die Übertragungslänge auf 448 km gewachsen, die Betriebsspannung 125 kV, der Betriebsstrom 150 Amp. entsprechend einer Leistung von 18750 kW. — Dies ist doch eine recht beträchtliche Leistung, wenn sie sich auch nicht mit denen unserer Drehstromhöchstspannungs-Übertragungsanlagen vergleichen läßt. — Im allgemeinen ist diese Anlage und das hier verwendete System wenig beachtet worden, weil die Probleme der Drehstromhochspannungstechnik die ganze Aufmerksamkeit des Elektrikers in Anspruch nahmen. — Wie kommt es aber, daß man erst in der neuesten Zeit wieder über die Anwendung des hochgespannten Gleichstroms spricht? Erst die fast unüberwindlich scheinenden Schwierigkeiten, die bei sehr langen Großkraftübertragungen auftreten, führten dazu, sich wieder mit dem hochgespannten Gleichstrom zu befassen, zumal auch einzelne Projekte vorlagen, für die dieses System geeignet zu sein schien. Gleichstrom hat nicht die mit alternierendem Strom auftretenden Erscheinungen, verursacht durch die Kapazität und Induktivität der Anlageteile: Freileitungen, Kabel, Transformatoren usw. Man konnte schon immer, wenigstens rechnerisch, die Vorteile der Übertragung mit Gleichstrom gegenüber der mit Drehstrom

---

[1] Bull. schweiz. elektrotechn. Ver. 1930 S. 159 und Elektrotechn. Z. 1930 S. 144. — Es sind die Ausführungen in dem bekannten Vortrag über die Grenzen der Kraftübertragung durch Drehstrom von Dolivo-Dobrowolski, gehalten im Elektrotechnischen Verein Berlin am 26. November 1918 (s. Elektrotechn. Z. 1919 S. 1), nicht mehr ganz zutreffend. Die Schwierigkeiten für große Drehstromübertragungen bestehen nicht mehr in dem Umfange wie zur Zeit, als der Vortrag gehalten wurde.

nachweisen. — Erst die neueste Zeit hat ja auch dem Drehstrom wirklich den Weg geöffnet, auch mit dieser Stromart jede Leistung über jede bis jetzt auf der Erde möglich erscheinende Entfernung übertragen zu können. Die Wechselstromleitung muß nämlich in geeigneter Weise kompensiert werden, wie dies der Verfasser in seiner „Berechnung von Drehstromkraftübertragungen"[1] gezeigt hat. — Die Schwachstromtechnik hatte uns den Weg gezeigt, und erst die ausgiebige Anwendung von Drosselspulen und Kondensatoren im elektrischen Starkstromkreis hat die Ausführung von Großkraft-Fernübertragungen ermöglicht. — Immerhin ist nicht zu leugnen, daß die Gleichstromübertragung wesentlich einfacher wird, weil die vielerlei Kompensierungs- und Schalteinrichtungen fortfallen können. — Aus diesem Grund empfiehlt es sich, wieder den Gleichstrom für Übertragungen großen Stiles in den Kreis der Betrachtungen zu ziehen[2]. Vorliegende Arbeit soll ein Beitrag sein, in dem die verschiedenen charakteristischen Verhältnisse bei Planung von Gleichstrom-Großübertragungen behandelt werden. — Es wird in der Hauptsache auf Fernübertragungen eingegangen werden, weniger aber auf die Energieverteilung durch verzweigte Netze. — Ein weiterer Grund, daß man den Gleichstrom bisher stark vernachlässigt hatte, liegt darin, daß man bis vor kurzem die Umformung des Gleichstromes in Drehstrom und umgekehrt nur durch rotierende Maschinen bewältigen konnte. Die hierbei auftretenden Energieverluste waren recht bedeutend und hinderten die Entwickelung stark. Erst neuerdings gelang es, durch steuerbare Gleichrichter das Problem zu lösen. Auch hier war der Wegweiser die Schwachstromtechnik, die diesmal mit ihren gesteuerten Elektronenröhren zeigten, wie dem Problem beizukommen ist. — Hoffen wir, daß die wirtschaftlichen Verhältnisse sich bald wieder bessern werden, dann wird es sicher sein, daß eine oder die andere Gleichstrom-Hochspannungsanlage gebaut wird. Inzwischen haben wir Muße, über das Problem nachzudenken und geeignete Verbesserungen zu machen. Der Zweck dieses Werkes soll in der Hauptsache dazu dienen, das Interesse für die Gleichstromübertragung zu wecken.

Für Anregungen zur Verbesserung und Erweiterung dieser Arbeit aus dem Leserkreis wäre der Verfasser dankbar.

---

[1] Burger: Berechnung von Drehstromkraftübertragungen, 2. Aufl. S. 163ff. Berlin: Julius Springer 1931.
[2] Dr. Gosebruch: Elektrotechn. Z. 1931 S. 689.

II. Vergleich der verschiedenen Stromarten.

1. In bezug auf geringste Übertragungsverluste.

Es wird häufig gesagt, dies oder jenes System, sei es das Drehstrom-, Einphasenstrom-, Gleichstrom- oder Mehrleitersystem, habe bei gleichem Kupferaufwand die kleinsten Stromwärmeverluste oder bei gleichen Verlusten den geringsten Kupferquerschnitt. — Um dies zu untersuchen, müssen wir für alle Systeme gleiche Verhältnisse schaffen, die einen direkten Vergleich gestatten, gleiche Spannungen annehmen. Wir wählen daher als Bezugsspannung für die Mehrphasensysteme die Spannung zwischen Phasen und Sternpunkt, wobei wir auch den Vorbehalt machen, daß wir uns auf symmetrische Mehrphasensysteme beschränken wollen. Bei Gleichstrom nehmen wir entsprechend die Spannung zwischen einem Außenleiter und der Neutralen an. Somit ist bei Einphasenanlagen die halbe Spannung gleich der Vergleichsspannung und ebenso beim Gleichstromzweileitersystem. — Für Wechselstrom nehmen wir ferner Betrieb mit $\cos \varphi = 1$ an. Diese Einschränkung für Wechselstrom ist zulässig, da man auch aus anderen Gründen für die Übertragung großer Leistungen den Leistungsfaktor hochhalten muß (Spannungshaltung usw.). Man darf jedoch diesen Punkt nicht aus dem Auge verlieren, da die Phasenverschiebung eine üble Beigabe des Wechselstromes ist und Aufwendungen an Anlagekosten und Arbeitsverluste erfordert. — Die zu übertragende Leistung betrage W kW, die Streckenlänge sei L km, die oben festgestellte Vergleichsspannung U in kV. Der Leistungsquerschnitt sei Q mm², der spezifische Leitungswiderstand R_s in Kiloohm/km und mm². Es ergibt sich nunmehr folgende vergleichende Aufstellung in Tabelle 1.

Für die Gleichstromsysteme nach dem Drei- oder Fünfleitersystem gelten die gleichen Formeln, nur ist zu beachten, daß die Lampenspannung beim Zweileitersystem $= 2\,U$, beim Dreileitersystem $= U$ und beim Fünfleitersystem $= \dfrac{U}{2}$ ist.

Die Nulleiterquerschnitte sind in der Aufstellung fortgelassen worden, weil diese Querschnitte mit Rücksicht auf die Differenzströme der Phasen oder Außenleiter gewählt werden müssen. Der Leiteraufwand, wenn gleiche Stromwärmeverluste bei den verschiedenen Systemen auftreten, ist in der letzten Spalte der Aufstellung angegeben, und man entnimmt daraus das bemerkenswerte Resultat, daß bei allen Systemen der gleiche Aufwand an Leitungsmaterial unter Vernachlässigung der Nulleiterquer-

Tabelle 1.

System	Schaltung	Verlust in kW bei gleichem Querschnitt	Querschnitt bei gleichen Stromwärme-Verlusten	Höchste auftretende Spannung	Kupferaufwand proportional
Wechselstrom					
Einphasenstrom . .	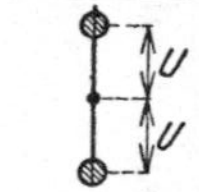	$V_1 = \dfrac{1}{2}\left(\dfrac{W}{U}\right)^2 \cdot R_s \cdot \dfrac{L}{Q}$	$Q_1 = \dfrac{1}{2}\left(\dfrac{W}{U}\right)^2 \cdot R_s \cdot \dfrac{L}{V} = \dfrac{Q_0}{2}$	$2\,U$	$2\dfrac{Q_0}{2} = Q_0$
Zweiphasenstrom . (Symmetrisch)	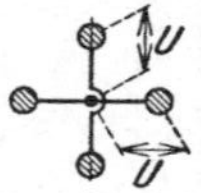	$V_2 = \dfrac{1}{4}\left(\dfrac{W}{U}\right)^2 \cdot R_s \cdot \dfrac{L}{Q}$	$Q_2 = \dfrac{1}{4}\left(\dfrac{W}{U}\right)^2 \cdot R_s \cdot \dfrac{L}{V} = \dfrac{Q_0}{4}$	$2\,U$	$4\dfrac{Q_0}{4} = Q_0$
Dreiphasenstrom . .	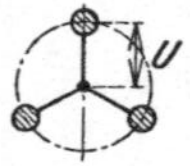	$V_3 = \dfrac{1}{3}\left(\dfrac{W}{U}\right)^2 \cdot R_s \cdot \dfrac{L}{Q}$	$Q_3 = \dfrac{1}{3}\left(\dfrac{W}{U}\right)^2 \cdot R_s \cdot \dfrac{L}{V} = \dfrac{Q_0}{3}$	$\sqrt{3}\,U$	$3\dfrac{Q_0}{3} = Q_0$
Sechsphasenstrom .	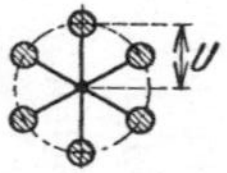	$V_6 = \dfrac{1}{6}\left(\dfrac{W}{U}\right)^2 \cdot R_s \cdot \dfrac{L}{Q}$	$Q_6 = \dfrac{1}{6}\left(\dfrac{W}{U}\right)^2 \cdot R_s \cdot \dfrac{L}{V} = \dfrac{Q_0}{6}$	$2\,U$	$6\dfrac{Q_0}{6} = Q_0$
Gleichstrom					
Zweileiter	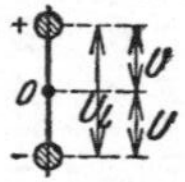				
Dreileiter	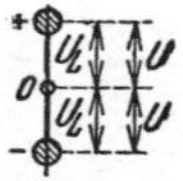	$V_{\mathrm{II}} = \dfrac{1}{2}\left(\dfrac{W}{U}\right)^2 \cdot R_s \cdot \dfrac{L}{Q}$	$Q_{\mathrm{II}} = \dfrac{1}{2}\left(\dfrac{W}{U}\right)^2 \cdot R_s \cdot \dfrac{L}{V} = \dfrac{Q_0}{2}$	$2\,U$	$2\dfrac{Q_0}{2} = Q_0$
Fünfleiter	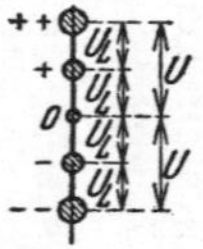				

Bemerkung: Ohne Kupferaufwand für den Nulleiter.

schnitte erforderlich ist, wenn man gleiche Stromwärmeverluste haben will.

Es ist außerdem ohne weiteres aus den gegebenen Formeln zu ersehen, daß die spezifische Strombelastung $y = \dfrac{i}{Q}$ Amp./mm² für alle Systeme die gleiche ist.

Trotzdem die Verhältnisse recht einfach sind, ist es doch wünschenswert, sich genaue Kenntnis über den Metallaufwand zu verschaffen, da über diesen Punkt vielfach Unklarheit herrscht.

2. In bezug auf Isolationsfestigkeit.

Auf eine beachtenswerte Tatsache soll aber noch aufmerksam gemacht werden, das ist die Isolationsfestigkeit der Anlagen. Bei allen Wechselstromsystemen haben wir nach obiger Tabelle die gleiche Isolationsbeanspruchung, da es immer auf die Isolation der Phasenleiter gegen den Sternpunkt ankommt. Im normalen Betrieb ist die Wechselpotentialdifferenz des Sternpunktes gegen das Erdpotential gleich Null. Die einzige Ausnahme macht wegen seiner Unsymmetrie hierin das verkettete Zweiphasensystem, das wir von unseren Betrachtungen ausgeschlossen haben, zumal es ja immer mehr verschwindet und heute gar keine Bedeutung mehr besitzt. — Die Ableitungsverluste sind im allgemeinen, wenn man Koronaverluste nicht berücksichtigt, in der Annahme, daß die Anlage mit einer unter der kritischen Spannung liegenden Spannung arbeitet, proportional der Höhe der Spannung und proportional der Anzahl der Leitungen. Für die Isolationsfestigkeit ist nun aber nicht die effektive Spannung maßgebend, sondern die Amplituden mit der Spannung. Bei Gleichstrom ist die effektive gleich der Amplitudenspannung, so daß bei gleicher Isolationsfestigkeit die Spannung um $(\sqrt{2} - 1) \cdot 100 = 41\,\%$ höher sein kann als bei Wechselstrom.

Man darf demnach dieselbe Anlage, die für Wechselstrom 100 kV Spannung gegen Erde (entsprechend 173 kV verketteter Spannung bei Drehstrom oder 200 kV verketteter Spannung bei Einphasenstrom) gebaut ist, ohne weiteres mit 141 kV Gleichstrom betreiben. Dies entspräche beim Zweileitersystem $2 \cdot 141 = 282$ kV Betriebsspannung. Läßt man den für Wechselstrom berechneten Querschnitt bestehen, so werden nunmehr bei Gleichstrom mit $2 \cdot 141$ kV Betriebsspannung die Stromwärmeverluste nur die Hälfte sein. Hierbei ist nun die Art der Beanspruchung der Isolation bei Gleichstrom vorteilhafter als bei Wechselstrom, da es sich um eine ruhende Belastung handelt. Im Gegensatz hierzu schwingt die Wechselspannung zwischen

+141 und —141 kV hin und her, was von der Isolation nicht so gut vertragen wird wie die ruhende Beanspruchung. Aus diesem Grunde könnte man ohne große Bedenken die Gleichstromspannung auf $100 \cdot \sqrt{2} + 25\% = 176\%$ erhöhen gegenüber der Wechselspannung von 100%. Damit werden dann auch die Stromwärmeverluste bei gleichem Querschnitt auf rund ein Drittel reduziert. Will man bei gleichen Verlusten bleiben, dann hätte man nur den dritten Teil des Querschnittes aufzuwenden.

Man ersieht daraus die großen Vorteile, die in bezug auf Isolation Gleichstromanlagen gegenüber Wechselstromanlagen besitzen.

III. Spannungs- und Leistungsverluste einer Gleichstromleitung.

Wenn durch eine metallische Leitung ein Gleichstrom von der Größe i Amp. fließt, so ist dies nur möglich, wenn ein bestimmter elektrischer Druck zwischen Anfang und Ende der Leitung aufgewendet wird, d. h. es muß ein elektrischer Druck oder Spannungsgefälle vorhanden sein. Es hat sich nun, wie dies von Ohm im Jahre 1827 nachgewiesen wurde, gezeigt, daß das Spannungsgefälle e in Kilovolt proportional dem durchfließenden Strom i in Ampere ist und in seiner Größe mit dem elektrischen Widerstand R in Kiloohm, der als annähernd konstant angenommen werden kann, nach der Formel

$$e = i \cdot R \ \text{kV} \tag{1}$$

berechnet werden kann.

Da dieses Spannungsgefälle zusätzlich zu dem sonstigen Verbrauch an Spannung des ganzen Stromkreises hinzukommt und einen Verlust darstellt, nennt man diesen Spannungsabfall e den Spannungsverlust der Leitung.

Beide Werte Spannungsabfall und Verlust sind bei Gleichstrom identisch, während bei Wechselstrom dies nicht der Fall zu sein braucht, da der Gesamtspannung und dem Spannungsabfall verschiedene Richtungswinkel zukommen können. Bei Gleichstrom sind Spannungen und Spannungsabfälle zeitlich konstante Werte und können ohne weiteres arithmetisch addiert werden. Da nun der oben angegebene Spannungsabfall e kV aufgebracht werden muß, wenn man den Strom i durch die

Leitung treiben will, so bedeutet dies die Aufwendung einer entsprechenden Leistung, die aus der Gleichung

$$V = e \cdot i \text{ kW} \tag{2}$$

berechnet werden kann. In anderer Schreibweise entspricht dies

$$V = i^2 \cdot R \text{ kW}. \tag{3}$$

In beistehender Tabelle werden Angaben über den Ohmschen Widerstand von Leitungsseilen der üblichen Querschnitte gegeben.

Es ist der Widerstandswert einer Leitung von L km Streckenlänge und Q mm² Querschnitt bei dem spezifischen Widerstand R_s in Kiloohm je mm² und je km:

$$R = R_s \frac{L}{Q} \text{ Kiloohm.} \tag{4}$$

Wenn es sich um eine Zweileiteranlage handelt, muß man $2L$ setzen. Der Leitungsverlust einer solchen Leitung wird sein:

$$V = i^2 \cdot R_s \frac{2L}{Q} \text{ kW.} \tag{5}$$

Hierzu kommen noch Verluste durch Übergangswiderstände an den Verbindungsstellen im Zuge der Leitung. Das sind aber bei ordnungsgemäßer Ausführung der Leitung unbedeutende Werte, die man im allgemeinen zu vernachlässigen pflegt.

Der spezifische Kupferwiderstand nach den VDE-Normen r_s in Ohm je km und je mm² ist 17,84 Ohm bei 20° C. Für Freileitungen nimmt man hartes Kupfer, dessen Widerstand 2 % höher, also rund 18,2 Ohm, ist. Dieser Widerstand erhöht oder erniedrigt sich für jeden Grad höhere oder niedrigere Temperatur um 0,068 Ohm.

Wir erhalten somit für

$$15^0 \text{ C} \quad r_s = 17,85 \text{ Ohm/km-mm}^2$$
$$40^0 \text{ C} \quad r_s = 19,43 \quad \text{,,}$$
$$65^0 \text{ C} \quad r_s = 20,36 \quad \text{,,}$$

Da jedoch infolge des Dralles der einzelnen Drähte bei der Verseilung eine weitere Widerstandsvergrößerung von etwa 2 % eintritt, rechnet man bei

$$15^0 \text{ C mit } r_s = 18,2 \text{ Ohm/km-mm}^2$$
$$40^0 \text{ C} \quad \text{,,} \quad r_s = 19,8 \quad \text{,,}$$
$$65^0 \text{ C} \quad \text{,,} \quad r_s = 20,8 \quad \text{,,}$$

Untenstehende Tabelle 2 gibt die verbandsmäßigen Normalquerschnitte für Starkstromfreileitungen.

Tabelle 2.
Normalquerschnitte für Starkstromfreileitungen
nach DIN VDE 8201.

| Nennquerschnitt | Istquerschnitt | Aufbau | | Seilradius |
| | | Anzahl | Durchmesser des Drahts | |
mm²	mm³		cm	cm²
10	10	7	0,135	0,205
16	15,9	7	0,17	0,255
25	24,2	7	0,21	0,315
35	34	7	0,25	0,375
50	49	7	0,30	0,450
—	48	19	0,18	0,450
70	66	19	0,21	0,525
95	93	19	0,25	0,625
120	117	19	0,28	0,700
150	147	37	0,225	0,790
185	182	37	0,25	0,875
240	228	37	0,28	0,980
—	243	61	0,225	1,015
300	299	61	0,25	1,125

Bei Aluminiumseil hat man mit einem spezifischen Widerstand $r_s = 28{,}75$ Ohm/km-mm² zu rechnen.

Die Widerstandszunahme beträgt für jeden Grad Celsius 0,120 Ohm/km-mm².

Aldrey hat $r_s = 34$ Ohm/km-mm².

Bei stärkeren Querschnitten und Hohlseilen fragt man am besten das liefernde Kabelwerk an.

Bei unterirdischen Kabelleitungen rechnet man mit dem Nennquerschnitt und dem spezifischen Widerstand für weiches Kupfer und zwar ohne Zuschlag für den Drall.

IV. Erwärmung von Leitungen.

1. Freileitungen.

Schon frühzeitig in den Anfängen der Starkstromtechnik hatte man sich mit der Messung der Erwärmung von Leitungen durch den hindurchfließenden Strom beschäftigt. Es war dies notwendig, um die Betriebssicherheit und Feuersicherheit einer elektrischen Anlage zu gewährleisten. Für unsere Betrachtungen bleibt die wirtschaftliche Belastung unter der Grenze, die eine Gefährdung für den Betrieb bedeutet. Immerhin muß man sich klar werden, welche Erwärmungen man normalerweise zulassen kann und welche Gesetzmäßigkeit hierüber herrscht.

Ehe wir nun auf die Bestimmung der Leitungserwärmung eingehen, müssen wir zur richtigen Bemessung der Leitungen angeben, welche Belastungsfälle vorkommen. Wir unterscheiden:

1. Den normalen Betrieb mit der längere Zeit auftretenden maximalen Stromstärke.

2. Langsam auftretende Überlastungen. Hierbei ist daran zu denken, daß im Betrieb geringfügige Überlastungen auftreten können, durch die die Schutzeinrichtungen (Überstromschutz) noch nicht zum Ansprechen kommen. Es sind Überströme, die durch entsprechende Eingriffe in die Regelung der Maschinen von den Betriebsleitungen in einiger Zeit behoben werden können.

3. Starke Überlastungen durch Kurzschluß, die höchstens einige Sekunden Zeitdauer haben.

Bei Stromüberlastungen gibt es eine Grenze, bei der die mechanische Zerreißfestigkeit des Metalles verringert wird. Wenn eine derartige unzulässige Überlastung auftritt, bleibt die Verringerung der Festigkeit bestehen, wenn einmal das Leitungsseil infolge Überschreiten einer gewissen Temperatur weicher geworden ist.

Wir gehen nunmehr zur Bestimmung der Erwärmung der Leitung durch den elektrischen Strom über. Wie wir gesehen haben, muß ein gewisses Spannungsgefälle vorhanden sein, um den Widerstand der Leitung bei dem gewünschten Stromdurchgang zu überwinden. Betrachten wir eine bestimmte Leitungslänge, so ergibt sich, daß eine entsprechende Leistung zusätzlich zu der transportierten Leistung aufgewendet werden muß, um das Fließen des Stromes zu bewirken. Diese Leistung ergibt sich aus dem Produkt von Spannungsgefälle mal Strom. Es wird also in das betreffende Leitungsstück sekundlich Leistung hineingeschickt, die für die Übertragung als solche verloren geht. Da die Leistung also elektrisch nicht abgenommen wird, muß sie sich in eine andere Energieform umwandeln, und zwar in Wärme, um als solche an den umgebenden Raum abgegeben zu werden. Es entsteht dann bei konstantem Strom ein entsprechender Wärmefluß bzw. ein Temperaturgefälle um die Leitung herum. Die Wärmeabgabe erfolgt auf zwei Arten, erstens durch Ausstrahlung (Radiation) und zweitens durch direkte Wärmeleitung an die umgebende Luft (Konvektion). Unterschiede entstehen dadurch, daß es sich einmal um ruhende, das andere Mal um mehr oder weniger bewegte Luft handeln kann.

Bei stationärem Zustand des Betriebes kann man die Temperaturerhöhung aus der Gleichsetzung der sekundlich zugeführten elektrischen Energie mit der sekundlich abgegebenen Wärmemenge bestimmen. Es sind durch eine Reihe von Forschern Messungen auch unter Berücksichtigung der Windeverhältnisse gemacht worden. Für die meisten Berechnungen genügt es, die vereinfachende Annahme zu machen, daß Strahlung und Konvektion bei ruhender Luft eine annähernd konstant bleibende Wärmeabgabe von α Watt je m² Oberfläche und je 1⁰ C Temperaturunterschied aus der Leitung abführen können. Es kann als guter Mittelwert $\alpha = 12$ Watt/m², 1⁰ C bei ruhiger Luft und etwa $= 17$ Watt/m², 1⁰ C bei leicht bewegter Luft (etwa 0,6 m/s) genannt werden.

Die Temperaturerhöhung ist nach den obigen Ausführungen

$$\vartheta = \frac{1}{\alpha} \cdot \frac{V}{O},$$

worin V die Verlustleistung in Watt/km und O die Oberfläche des Seiles in m² je km ist.

Die die Wärme erzeugende Verlustleistung ist

$$V = \frac{i^2 \cdot r_s}{Q} \text{ Watt/km} \tag{6}$$

Die ableitende bzw. ausstrahlende Oberfläche ist

$$O = 2\,\pi\,\varrho \cdot 10 \text{ m}^2/\text{km} \tag{7}$$

und die Temperaturerhöhung wird sein:

$$\vartheta = \frac{1}{\alpha} \cdot \frac{V}{O} \ ^0\text{C}. \tag{8}$$

Für normale Seile mit dem Füllfaktor $f_{\ddot{u}}$ kann man die Erwärmung aus dem Seilquerschnitt berechnen. Es ist:

$$\vartheta = \frac{1}{\alpha} \cdot \frac{i^2}{Q^{\frac{3}{2}}} \cdot \frac{r_s}{2} \cdot \sqrt{\frac{f_{\ddot{u}}}{\pi}} \ ^0\text{C}. \tag{9}$$

Da $f_{\ddot{u}}$ in der Nähe von 0,75 ist, kann man setzen:

$$\vartheta = \frac{1}{\alpha} \cdot \frac{i^2}{Q^{\frac{3}{2}}} \cdot \frac{r_s}{4,08} \ ^0\text{C}. \tag{10}$$

Bei Hohlseilen rechnet man besser mit Seilradien. Wir bezeichnen den Außenhalbmesser mit ϱ, den Innenhalbmesser mit $p\varrho$ und erhalten damit für die Temperaturerhöhung:

$$\vartheta = \frac{1}{\alpha} \cdot \frac{i^2 \cdot r_s}{2000 \cdot \pi^2 \cdot \varrho^3 \,(1 - p^2) \cdot f_{\ddot{u}}} \ ^0\text{C}. \tag{11}$$

Die oben angegebenen Zahlenwerte von 12 Watt/m² für ruhende und 17 Watt/m² für leicht bewegte Luft sind, wie bereits gesagt, nur Näherungswerte. Zur genauen Bestimmung ist das beiliegende Kurvenblatt (Abb. 1) ausgearbeitet worden unter Benutzung der Angaben von George E. Luke[1]. Es ist eine Lufttemperatur von 25⁰ C vorausgesetzt und die Werte von α für 10—100⁰ C in Abhängigkeit vom Seilradius gegeben.

Bei Hohlseilen muß man sich vom Fabrikanten die genauen Dimensionen geben lassen, insbesondere Außendurchmesser, Wandstärke, Füllfaktor und Querschnitt. Für Hohlseile benutzt man ebenfalls das gleiche Kurvenblatt.

Bei leichtem Wind wird der Wert von α etwa um 40⁰/₀ höher.

Neuere Arbeiten von Frick[2] und Schurig und Frick[3] ergeben etwas andere Werte. Die zugrunde liegenden Formeln sind etwas kompliziert in ihrem Aufbau, so daß es nicht notwendig sein dürfte, auch diese Werte zu bringen, zumal die Unterschiede nicht sehr bedeutend sind.

Für die Dimensionierung der Leitung

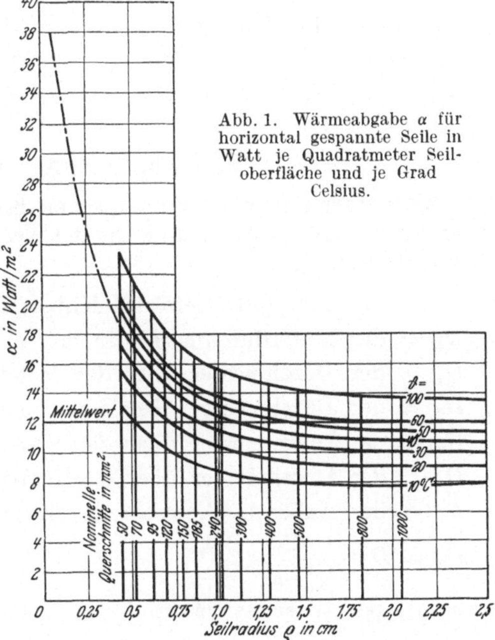

Abb. 1. Wärmeabgabe α für horizontal gespannte Seile in Watt je Quadratmeter Seiloberfläche und je Grad Celsius.

in bezug auf die Erwärmung muß man mit betriebsmäßig vorkommenden Überlastungen rechnen. Bei diesen Strombelastungen müssen die Leitungsseile sich nicht höher erwärmen, als es in bezug auf die dauernde Festigkeit der Seile zulässig ist (siehe Drehstrom-Kraftübertragungen, S. 91, 92). Ferner ist bei der Berechnung die höchst mögliche Lufttemperatur einzusetzen. In den Tropen können dies recht hohe Werte sein. — Auch der Luftdruck spielt

---

[1] Electro-J. 1923 S. 127.   [2] Gen. electr. Rev. 1931 S. 464.
[3] Gen. electr. Rev. 1930 S. 141.

eine gewisse Rolle. Man kann sagen, daß von der Wärmeabgabe α in Watt auf 1 m² Seiloberfläche im Mittel 50 % auf Konvektion und 50 % auf Strahlung fallen. Dann muß man den Konvektionsanteil mit $\sqrt{\dfrac{b}{760}}$ multiplizieren oder, auf die ganze Abteilung bezogen, wird die Korrektur etwa

$$\beta = \frac{1}{2}\sqrt{\frac{b}{760}}. \tag{12}$$

Die höchst zulässigen Erwärmungen sind

$$\begin{aligned}
&\text{für Kupfer} \quad . \quad . \quad . \quad . \quad . \quad 220^{0}\,\text{C} \\
&\text{,, Aluminium} \quad . \quad . \quad . \quad 160\text{—}180^{0}\,\text{C} \\
&\text{,, Aldrey} \quad . \quad . \quad . \quad . \quad 180\text{—}200^{0}\,\text{C}
\end{aligned}$$

2. Kabelleitungen.

Die Erwärmung von unterirdischen Kabeln läßt sich aus den Dimensionen der Leitung und aus der Verlegungstiefe berechnen. Wenn gegeben ist:

$l \;\;\;=$ die Verlegungstiefe des Kabels in cm,

$D_L =$ der Leiterdurchmesser in cm,

$D_1 =$ der Durchmesser über der Isolation in cm,

$D_2 =$ der Durchmesser über dem Bleimantel in cm,

$D_3 =$ der Durchmesser über der Kabelisolation in cm,

$D_4 =$ der Durchmesser über der Kabelarmierung in cm,

$D_a =$ der Außendurchmesser des Kabels,

$D'_a = D_a \cdot \dfrac{D_1 \cdot D_3}{D_2 \cdot D_4}$,

dann ist der Wärmewiderstand der Kabelisolation:

$$S_K = \frac{\sigma_K}{2\,\pi} \cdot \ln \frac{D'_a}{D_L} \tag{13}$$

und der Wärmewiderstand der Erde:

$$S_E = \frac{\sigma_E}{2\,\pi} \cdot \ln \frac{4\,l}{D_a}. \tag{14}$$

Mit diesen Werten wird für eine bestimmte Erwärmung von ϑ^{0} C über die Erdtemperatur:

$$i = \frac{316}{\sqrt{r_s}} \cdot \sqrt{\frac{Q \cdot \vartheta}{S_K + S_E}} \;\; \text{Ampère}. \tag{15}$$

Nach Versuchen von Herzog und Feldmann[1] ist:

$$\sigma_E = 50 \quad \text{und} \quad \sigma_K = 550$$

zu setzen.

Die Einheit für σ ist Watt für 1 cm^2 und 1^0 C.

Für σ_E ist es jetzt aber üblich 40 zu setzen, während der Wert für σ_K für Höchstspannungskabel beim Kabelwerk anzufragen ist.

Bei mehreren Kabeln in einem Graben muß man die Strombelastung entsprechend den Verbandsvorschriften reduzieren. Da man jedoch Höchstspannungskabel aus Gründen der Betriebssicherheit sehr weit auseinanderlegen wird, so wird die gegenseitige zusätzliche Erwärmung nur geringfügig sein.

Es wird sich empfehlen, die Wärmeverhältnisse durch Aufzeichnung der Isothermen, wie dies in Herzog und Feldmann[2] angegeben ist, zu prüfen.

3. Erwärmung von Leitungen im Kurzschlußfall.

Über die bei Kurzschluß einer Gleichstrom-Hochspannungsübertragung möglicherweise auftretenden Stromstärken ist folgendes zu sagen.

Wenn es sich um eine Anlage mit Gleichstrommaschinen handelt, ist ein sofortiges Abschalten der defekten Leitung notwendig. Der auftretende Strom kann von den Kommutatoren nicht bewältigt werden. Es würde Rundfeuer auftreten, die dabei auftretenden Beschädigungen der Kommutatoren würden eine größere Betriebsunterbrechung bedeuten. Man muß also unbedingt die Anlage sofort außer Betrieb nehmen, wenn die Disposition der Anlage nicht ein Abschalten der fehlerhaften Leitung gestattet.

In den meisten Fällen wird es sich bei Störungen um den Erdschluß einer Leitung handeln. Dann muß der defekte Pol an Erde gelegt werden, dabei voraussetzend, daß der andere Pol die volle Betriebsspannung aushalten kann. Bei Dreileiteranlagen wird die kranke Hälfte abgeschaltet und der Betrieb mit der halben Leistung weiter geführt. Besser ist es jedoch, wenn man pro Pol 2 Leitungen hat, so daß der defekte Leiter ohne Betriebsunterbrechung abgeschaltet werden kann. In diesem Falle muß natürlich dafür gesorgt sein, daß die doppelte Strombelastung keine unzulässige Erwärmung hervorruft.

---

[1] Herzog und Feldmann: Die Berechnung elektrischer Leitungsnetze, S. 323. 1927.

[2] Herzog und Feldmann: a. a. O. S. 326.

Gleichrichter sind in bezug auf das Aushalten von Kurzschlüssen bedeutend widerstandsfähiger, wie sich schon ohne weiteres aus der guten Eignung der Gleichrichter für Bahnbetrieb, wo Kurzschlüsse recht häufig vorzukommen pflegen, hervorgeht.

Auch bei Gleichrichterbetrieb muß aber für sofortiges Abschalten des Fehlers gesorgt werden. Bei gesteuerten Gleichrichtern ist eine fast momentane Unterbrechung des Energieflusses möglich, ohne dabei große Abschaltleistungen bewältigen zu müssen. Über die bei Kurzschlüssen auftretenden Erwärmungen siehe den betreffenden Abschnitt in Drehstromkraftübertragungen, S. 86ff. Die Bestimmung des ersten Stromstoßes kann in gleicher Weise wie bei Wechselstrom vorgenommen werden, da hierfür auch die Induktanz der Leitung berücksichtigt werden muß. Für den Dauerkurzschlußstrom hat man dann nur die Induktanz der Leitung fortzulassen, während die Generator- und Transformatorinduktanzen also bis zum Gleichrichter berücksichtigt werden müssen.

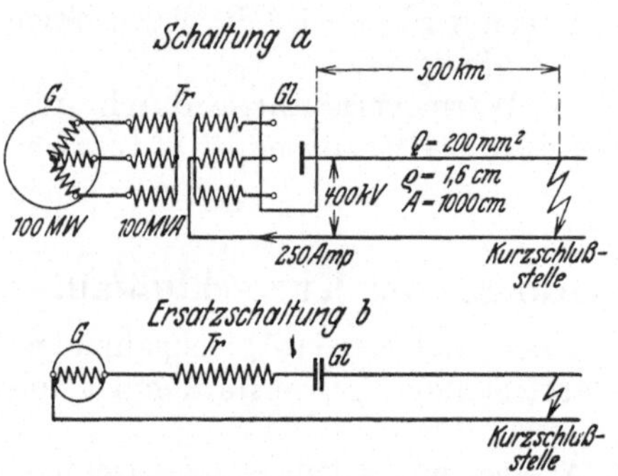

Abb. 2. Kurzschluß-Stromberechnung.

Zur Veranschaulichung der Verhältnisse diene folgendes nur in ganz angenäherter Weise berechnetes Beispiel:

Die Schaltung sei in Abb. 2 dargestellt. Wir ersetzen die Schaltung a durch eine für die Berechnung gleichwertige Einphasenanlage b.

Die Berechnung geht nunmehr aus der folgenden Aufstellung (Tabelle 3) hervor.

Der Spannungsabfall im Gleichstromteil beträgt $U = 91 \cdot 415 = 38\,800$ Volt. Da diese Spannung auf der Wechselstromseite senkrecht auf dem induktiven Spannungsabfall steht, so ist infolge des fast rein induktiven Charakters der Wechselstrombahn für den Kurzschluß angenähert mit der vollen Generatorspannung zu rechnen, so daß die gemachte Annahme $i_k = 2\,i_n$ und der daraus berechnete induktive Widerstand als annähernd richtig anzusehen sein dürfte.

Der Abfall im Gleichrichter ist vernachlässigt worden. Für eine genauere Berechnung muß man sich die entsprechenden Angaben von der Konstruktionsfirma geben lassen.

Tabelle 3.

A. Stoßkurzschluß-Strom:
Leitungskonstanten.

	Ohmsche Widerstände	Induktive

a) Generator + Transformator
($\varepsilon_r = 1\%$, $\varepsilon_s = 25\%$)

$$r = \frac{10 \cdot 1 \cdot 400^2}{100\,000} = \qquad 16\ \text{Ohm}$$

$$s = \frac{16 \cdot 25 \cdot 400^2}{100\,000} = \qquad\qquad\qquad 400\ \text{Ohm}$$

b) Leitung

$$r = 2 \cdot 500 \cdot \frac{18,2}{200} = \qquad 91\ \text{Ohm}$$

$$s = 2 \cdot 500 \cdot 0,1447\ \lg \frac{1000}{1,6} \qquad\qquad\qquad 404\ \text{Ohm}$$

Insgesamt   107 Ohm   804 Ohm

Impedanz $Z_s =$ 810 Ohm

$$i_s = \frac{400\,000}{810} = 495\ \text{Ampere, und zwar auf der Gleichstromseite.}$$

B. Dauerkurzschluß-Strom.

	Ohmsche Widerstände	Induktive
a) Generator aus $i_K = 2\,i_n$ angenähert	8 Ohm	800 Ohm
b) Transformator $(0,5 + 10^0/_0)$	8 Ohm	160 Ohm
c) Leitung	91 Ohm	0 Ohm
Insgesamt	107 Ohm	960 Ohm

Impedanz $Z_D =$ 965 Ohm

$$i_D = \frac{400\,000}{965} = 415\ \text{Ampere.}$$

Bei anderen Einrichtungen für die Drehstrom-Gleichstromumformung geht man in ähnlicher Weise vor. Zu beachten ist bei der Bestimmung der Kurzschlußströme besonders auch die Möglichkeit oder Nichtmöglichkeit der Stromrücklieferung aus den sicher bei Großkraftübertragungen auf der Abnehmerseite vorhandenen Kraftwerken.

V. Koronaerscheinungen.

Sobald durch die einer Leitung aufgedrückte Spannung die Feldstärke an der Seiloberfläche einer Übertragungsleitung bestimmte Werte übersteigt, treten mit Verlusten verknüpfte Glimmerscheinungen auf, die man mit dem Namen Korona bezeichnet. Eingehende Versuche sind namentlich von Peek gemacht worden, von dem auch eine empirische Formel angegeben ist, nach der man den Verlust bei Wechselstrom bestimmen kann.

Es ist bedauerlicherweise fast nichts auf dem Gebiet der Bestimmung der Gleichstromkoronaverluste getan worden — mit Ausnahme weniger Versuche ist nichts allgemein bekannt geworden. Die Messungen mit Gleichstrom sind erheblich leichter als bei Wechselstrom auszuführen, da bei ersterem nicht wie bei Wechselstrom dem Koronastrom gegenüber vielfach größere Ladeströme auftreten, die die Genauigkeit der Messung des Koronastromes stark verringern. Auch für die Erfassung der Wechselstromkorona wären die Gleichstromversuche eine wichtige Ergänzung. Man könnte beispielsweise die Gleichstromspannung erst langsam und dann immer schneller variieren lassen, so daß man den Einfluß des Spannungsanstieges mit mehr oder weniger steiler Front untersuchen könnte.

Wir müssen nun versuchen, mit dem bisher bekanntgewordenen auszukommen und auf Grund der Ergebnisse der Bestimmung der Wechselstromkorona die Gleichstromkorona berechnen.

Bei einer bestimmten Spannung, die man aus den Dimensionen der Leitung und ihrer Anordnung im Raum bestimmen kann, beginnt die Leitung zu glimmen. Es ist dies die sog. Glimmspannung.

Schon etwas früher — bei der sog. „kritischen Spannung" — setzen Energieausstrahlungen und wachsen mit steigender Spannung sehr schnell an.

Die kritische Spannung ist die, bei der die Feldstärke an der Seiloberfläche so stark angewachsen ist, daß die Isolation der Luft durchbrochen wird. Diese Feldstärke beträgt

$$\mathfrak{E} = 29{,}9 \; \mathrm{kV/cm} \; \text{(Amplitudenwert)}.$$

Die Feldstärke an der Seiloberfläche einer aus Hin- und Rückleitung bestehenden Leitungsanlage beträgt:

$$\mathfrak{E} = \frac{U}{\varrho \cdot l\mathrm{n} \dfrac{A}{\varrho}} \; \mathrm{kV/cm} \; . \tag{16}$$

$2\,U$ ist die Spannung zwischen den beiden Seilen. Wir erhalten nunmehr aus obigen beiden Gleichungen die kritische Spannung:

$$U_0 = \delta \cdot m_0 \cdot m_1 \cdot 29{,}9 \cdot \varrho \cdot \ln \frac{A}{\varrho} \, \mathrm{kV} \; . \tag{17}$$

Hierin bedeuten δ die Luftdichte, die bei $b = 76$ cm Quecksilber-säule und $\tau = 25^0$ C gleich 1 gesetzt wird. Für andere Werte rechnet man nach der Formel:

$$\delta = \frac{3{,}92\,b}{273 + \tau}\,. \tag{18}$$

Da die Beschaffenheit der Seiloberfläche eine Rolle spielt, muß man eine Korrektur einführen, die durch den Faktor m_0 in die Formel eingefügt wird. Es ist:

für blanke, ganz glatte Drähte . . . . $m_0 = 1$
„ längere Zeit im Freien hängende Drähte . $m_0 = 0{,}93\text{—}0{,}98$
„ Seile . . . . $m_0 = 0{,}83\text{—}0{,}87$
„ außen glatte Hohlseile . . . . $m_0 = 0{,}9$

Bei schlechtem Wetter geht die kritische Spannung stark zurück. Wir können dies durch den Faktor m_1 berücksichtigen.

bei gutem Wetter . . . . $m_1 = 1{,}0$
„ schlechtem Wetter . . . . $m_1 = 0{,}8$
in Ausnahmefällen . . . . $m_1 = 0{,}6$

Die Koronaverluste ergeben sich nunmehr aus der verein-fachten Formel nach Peek zu:

$$V_{KO} = 2\,\frac{(U - U_0)^2}{R_{KO}}\,\text{kW/km}\,. \tag{19}$$

R_{KO} ist der Koronawiderstand, dessen Wert wir für die Frequenz $f = 0$ wie folgt einsetzen:

$$R_{KO} = \frac{1}{\delta} \cdot \frac{17}{L} \sqrt{\frac{A}{\varrho}} \cdot \frac{1}{\alpha} \;\text{in Kiloohm pro Pol.} \tag{20}$$

Der Faktor α wird weiter unten erläutert werden. — R_{Ko} ist ein Querwiderstand, der sich umgekehrt proportional mit der Streckenlänge und der Luftdichte ändert.

Bei neu verlegten Leitungen sind die Koronaverluste höher wegen kleiner Unregelmäßigkeiten an der Seiloberfläche. Sie werden aber durch die Wirkung der Koronaausstrahlungen aus-geglichen, so daß nach einer gewissen Zeit die Verluste auf normale Werte zurückgehen.

Der Gleichstromkoronawiderstand muß, wie erwähnt, noch mit einem Faktor α multipliziert werden. Es ist nämlich bei Wechselstrom die Dauer der Wirksamkeit des Koronawider-standes nur ein gewisser Bruchteil der ganzen Zeitdauer.

Sehen wir uns zu diesem Zweck die Abb. 3 an. $A\,B$ ist der Amplitudenwert der Sinuswelle des Wechselstromes. Es sei

beispielsweise die kritische ›Spannung $= 60\%$ der Spannungsamplitude, also $= CD$. Dann ist der Koronawiderstand nur
wirksam während der Zeit CF. Man hätte also bei Wechselstrom nur mit $\dfrac{CF}{OH}\,100\%$ als der Dauer der Wirksamkeit des
Koronawiderstandes zu rechnen, d. h. der Gleichstromwiderstand

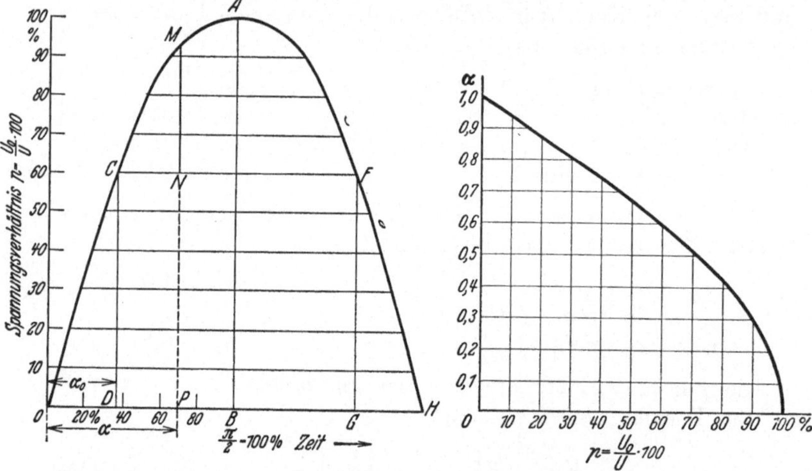

<table>
<tr><td>Abb. 3. Darstellung der Spannungswelle.</td><td>Abb. 4. Faktor α für das Verhältnis der Dauer der Entwicklung der kritischen Spannung bei Wechselstrom gegenüber konstanter Einwirkung bei Wechselstrom.</td></tr>
</table>

wird um den Faktor $\alpha = \dfrac{CF}{OH}$ kleiner. Diese Überlegung ist
unabhängig von der Frequenz.

Wenn man die kritische Spannung $U_0 = \dfrac{p}{100}\cdot U$ setzt, ist
der Faktor α für verschiedene p aus der folgenden Tabelle 4 und
Abb. 4 zu entnehmen.

Tabelle 4.

$p = \dfrac{U_0}{U}\,100$ %	α	$p = \dfrac{U_0}{U}\,100$ %	α
10	0,936	60	0,590
20	0,872	70	0,502
30	0,807	80	0,408
40	0,738	90	0,286
50	0,667	100	0,0

Der Faktor α ist unabhängig von der Frequenz. Es seien bei
dieser Gelegenheit einige Überlegungen gegeben, die sich auf die

Peeksche Formel für Wechselstrom beziehen und dazu führen, sich dafür zu entscheiden, die Formel durch eine andere zu ersetzen.

Man kann in der ersten Annäherung annehmen, daß der Koronawiderstand eine relativ konstante Größe ist, die nur von der Frequenz und den Leitungsdimensionen abhängt. Sobald die kritische Spannung überschritten ist, beginnen die Koronaströme, die sich, abgesehen von dem ersten erhöhten Stromstoß aus dem Spannungsunterschied $U - U_0$, dividiert durch den Koronawiderstand, bestimmen lassen. Das bedeutet, daß ein bestimmter Druck U_0 vorhanden sein muß, damit Koronaströme fließen. Die Größe der Ströme selbst hängen von dem Spannungsgefälle im Koronawiderstand ab. Dieser Widerstand wächst nach einer gewissen Zeit der Wirksamkeit an und erlangt einen bestimmten konstanten Wert. Der Widerstandsanstieg hängt von der Größe des Ansteiges der Spannungswelle ab.

Diese Änderung wird von Peek durch die Einfügung der Frequenzabhängigkeit des Koronawiderstandes berücksichtigt.

Wir bestimmen die je $^1/_4$ Periode geleistete Arbeit und erhalten unter Bezugnahme auf Abb. 3 folgende Beziehung.

Im Zeitpunkt α ist der Wert der Sinusspannungswelle

$$U_\alpha = U \cdot \sin\alpha = MP, \tag{21}$$

der der Welle des Koronastromes

$$I_{Ko} = \frac{U - U_0}{R_{Ko}} \cdot \sin\alpha = MN. \tag{22}$$

Wir nehmen R_{Ko} als konstant an und bilden die geleistete Arbeit je $^1/_4$ Welle

$$A = \int_{\alpha_0}^{\pi/2} \frac{U \sin\alpha \cdot (U \sin\alpha - U \sin\alpha_0)}{R_{Ko}} \, d\alpha, \tag{23}$$

und wenn nunmehr die Integration ausgeführt und durch die Zeit $\pi/2$ dividiert wird, erhalten wie die Koronaleistung:

$$N_{Ko} = \frac{U^2 \cdot 4f}{2\,R_{Ko}} \left[\frac{\dfrac{\pi}{2} - \alpha_0 - \sin\alpha_0 \cdot \cos\alpha_0}{\dfrac{\pi}{2}} \right] kW. \tag{24}$$

Der Faktor in der eckigen Klammer sei mit β bezeichnet. Man erhält für ihn folgende Tabelle 5.

Tabelle 5.

$p = \dfrac{U_0}{U} 100$ %	β	$p = \dfrac{U_0}{U} 100$ %	β
10	0,872	60	0,285
20	0,747	70	0,184
30	0,625	80	0,102
40	0,504	90	0,036
50	0,435	100	0,0

Der Koronawiderstand, wie ihn Peek angibt, dürfte sicherlich richtiger durch einen Wert ersetzt werden müssen, der ähnlich gebildet ist, wie der von Holm[1] angegebene Wert.

Nach Holm hat man für den Koronawiderstand abgesehen von einigen Faktoren,

$$R_{KO} \approx \frac{\ln \dfrac{A}{L} \cdot \ln \dfrac{A}{\varrho}}{\ln \dfrac{L}{\varrho}} . \tag{25}$$

In der Annahme, daß $\dfrac{A}{L} \approx \dfrac{L}{\varrho}$ ist, wird

$$R_{KO} \approx \ln \frac{A}{\varrho} . \tag{26}$$

Diese vereinfachte Annahme dürfte ohne weiteres zulässig sein, da Logarithmen von ziemlich verschieden großen Zahlen sich nur wenig unterscheiden. Beispielsweise sei

$$A = 400 \text{ cm}, \quad L = 24 \text{ cm}, \quad \varrho = 1,5 \text{ cm}.$$

Dann ist $\ln \dfrac{400}{20} : \ln \dfrac{20}{1,5} = 1,3 : 1,12$, d. h. der Unterschied beträgt nur 16%. Da nun A und ϱ beide spannungsproportional zu sein pflegen, dürfte dies auch für L der Fall sein, womit wir um so eher, wie oben angegeben, nach Formel (26) rechnen können. Wir haben damit eine sehr einfache Formel für den Koronawiderstand gefunden.

Damit wird der Koronawiderstand auf eine Form gebracht, wie er sich ähnlich bei runden parallelen Leitungen zur Bestimmung des kapazitiven Querwiderstandes oder für den Ausbreitungswiderstand eines Erders aus den räumlichen Dimensionen ergibt.

---

[1] Holm: Theorie der Korona in Hochspannungsleitungen. Wiss. Veröff. Siemens-Konz. Bd. 4 Heft 1.

Zu bedenken bleibt allerdings, daß der durchstrahlte Raum je nach Stromdichte und je nach Spannungsgefälle an verschiedenen Stellen des Raumes verschiedene spezifische Widerstände besitzt, die für eine genauere Bestimmung des Koronawiderstandes berücksichtigt werden sollten. Vielleicht läßt sich diese Änderung der spezifischen Widerstandes in vereinfachter Form berücksichtigen. Es sei besonders darauf hingewiesen, daß es unbedingt vorteilhaft ist, sich nicht mit Stromspannungsdiagrammen zu begnügen, sondern lieber auf Bestimmung des wirksamen Widerstandes hinzuarbeiten und seine Beeinflussung durch Stromdichte und Feldstärke gesondert zu berücksichtigen. Nur so wird ein Einblick, wie ihn der praktische Ingenieur braucht, erzielt werden.

Die Ionentheorie muß zunächst zurückgestellt werden, sie wird dann später ein erklärendes Hilfsmittel der Erscheinungen sein.

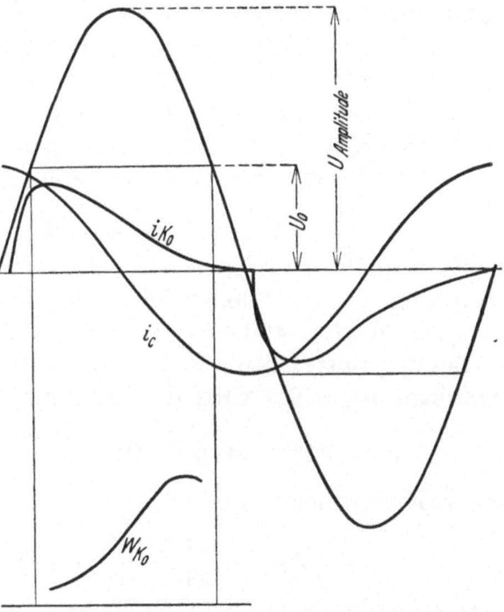

Abb. 5. Darstellung des Verlaufes des Korona- und Ladestromes während einer Periode und Änderung des Koronawiderstandes während des Fließens des Koronastromes. Der Koronastrom setzt schon etwas vor Erreichung der kritischen Spannung ein, weil die Luft durch die vorhergehenden Entladungen ionisiert ist.

Abb. 5. stellt den Verlauf der Wechselstromkorona dar, und zwar nur in angenäherter Form. Vor Eintritt der kritischen Spannung beginnt schon die Koronaentladung wegen der bereits ionisierten Luft, steigt sehr stark an und ebbt dann nach Überschreiten der Spannungsamplitude wieder ab. R_{KO} steigt bis gegen Ende der Halbperiode an. Man kann daraus auch ungefähr ersehen, wie der Koronawiderstand bei konstanter Spannung, also bei Gleichstrom, bleiben wird. Die Beziehung, daß bei der Frequenz Null der Widerstand etwa dreimal so groß ist als bei 50 Hertz, dürfte wohl nach diesem Beispiel ungefähr richtig sein.

Es bestehen Unterschiede in den Koronaverlusten der positiven und der negativen Leitung. Nach Waldorf[1] überwiegen, wie aus seinen Messungen mit Wechselstrom hervorgeht, bei Spannungen nahe der kritischen der positive Strom, und zwar um so mehr, je geringer der Durchmesser wird. Dagegen wird bei steigender Spannung der negative Strom größer.

Wenn Gleichstromkorona auftritt, kann bei zu geringem Leiterabstand der Strom dauernd wachsen, bis ein Lichtbogenüberschlag erfolgt, d. h. Kurzschluß eintritt. Auch hierüber liegen noch nicht Meßergebnisse vor. Es ist zu hoffen, daß diese sehr wichtigen Untersuchungen baldigst vorgenommen werden.

Trotz der großen Unsicherheit der vorhandenen Formeln sei ein Beispiel gegeben. Der Gang der Rechnung dürfte auch bei Kenntnis der genaueren Unterlagen bestehen bleiben können. Nur die Werte der Koronawiderstände müssen korrigiert werden.

Beispiel.

Es handele sich um eine Zweileiteranlage mit der konstanten Spannung von $2 \cdot 200$ kV, die Streckenlänge sei 500 km. Der Seilabstand $A = 400$ cm, der Seilradius $\varrho = 0{,}9$ cm.

Bei der Luftdichte $\delta = 1$, dem Wetterfaktor $m_1 = 1$ und dem Seilfaktor $m_0 = 0{,}9$ wird die kritische Spannung:

$$U_0 = 0{,}9 \cdot 0{,}9 \cdot 29{,}9 \cdot \ln \frac{400}{0{,}9} = 147 \text{ kV}.$$

Der Koronawiderstand ist:

$$R_{KO} = \frac{17}{500} \sqrt{\frac{400}{0{,}9}} = 0{,}715 \text{ Kiloohm}$$

und die Koronaverluste werden sein unter Berücksichtigung von $\alpha = 0{,}47$ am Kurvenblatt Abb. 4:

$$V_{KO} = 2 \cdot \frac{(200-147)^2}{0{,}715 \cdot 0{,}47} = 16\,700 \text{ kW}.$$

Vergleichen wir hiermit die Verluste einer Drehstromleitung mit der gleichen Isolationsbeanspruchung mit 3 Seilen von $\varrho = 0{,}9$ cm im gegenseitigen Abstand von $A = 400$ cm. Die effektive Sternspannung ist dann:

$$U_* = \frac{200}{\sqrt{2}} = 141 \text{ kV}$$

und die verkettete Spannung:

$$U_\Delta = \sqrt{3} \cdot 141 = 244 \text{ kV}.$$

<hr>

[1] J. Amer. Inst. electr. Engr. Bd. 49 S. 272. und Elektrotechn. Z. 1931 S. 389.

Die kritische Spannung ist nunmehr:

$$U_0' = \sqrt{3} \cdot 21{,}1 \cdot 0{,}9 \cdot 0{,}9 \cdot \ln \frac{400}{0{,}9} = 180 \text{ kV}.$$

Der Koronawiderstand:

$$R_{KO}' = \frac{415}{500 \cdot 75} \sqrt{\frac{400}{0{,}9}} = 0{,}234 \text{ Kiloohm, und der Verlust:}$$

$$V_{KO}' = \frac{(244 - 180)^2}{0{,}234} = 17\,500 \text{ kW}.$$

Wenn man für beide Fälle einen Normalstrom $i_N = 200$ Amp. annimmt, überträgt die Gleichstromleitung 80 MW, die Drehstromleitung bei 50 % mehr Kupferaufwand 84,5 MW. Der Koronaverlust beträgt bei Gleichstrom 20,9 % und bei Drehstrom 20,7 %. Es ist in diesem Beispiel die Konstanthaltung der Spannung über die ganze Strecke durch geeignete Mittel vorgesehen. Das Beispiel ist nur für die Rechenmethode zu benutzen, erst nach Ausführung besonderer Versuche kann die Genauigkeit des Koronawiderstandes festgelegt werden. Bei gleicher effektiver Sternspannung werden die Drehstromverluste ein vielfaches der Gleichstromverluste.

Koronaverluste bei variabler Spannung.

Da wir bei Gleichstromserienanlagen meist mit sehr großen Leitungsstrecken zu rechnen haben werden, bei denen auch große Spannungsabfälle auftreten werden, so muß man wegen der variablen Gesamtspannung zur Bestimmung der Koronaverluste eine Integration der Werte über die ganze Strecke vornehmen.

Nennen wir r_{KO} den kilometrischen Koronawiderstand in Kiloohm, L die Streckenlänge in km, U_a die Spannung am Anfang, U_e die am Ende, e den Spannungsverlust, U_0 die kritische Spannung, den Überschuß $U_e - U_0 = a$, wobei alle Spannungswerte in kV gegen die Neutrale gemessen zu nehmen sind. Dann ist der Koronaverlust in x km vom Streckenende:

$$dV_{KOx} = \frac{2(U_x - U_0)^2}{r_{KO}} \cdot dx = \frac{2}{r_{KO}} \left(U_e + \frac{x}{L} \cdot e - U_0 \right)^2 dx. \quad (27)$$

Wir integrieren nunmehr über die ganze Strecke hin und erhalten:

$$V_{KO} = \frac{2}{r_{KO}} \left(a^2 + ae + \frac{e^2}{3} \right) \cdot L \text{ kW}. \quad (28)$$

Diese Formel gilt nur angenähert für den Fall kleinerer Koronaverluste. Es ist hierbei die Stromzunahme und Spannungserhöhung zur Überwindung des zusätzlichen Spannungsverlustes vernachlässigt.

Man hat bei einer Serienanlage noch mehr als bei einer Parallelschaltungsanlage darauf zu achten, daß man die Verluste mit der variablen Spannung bestimmt. Wenn eine Zwischenentnahme in der Leitung vorhanden ist, muß man die Abschnitte vor und hinter der Abnahmestelle getrennt behandeln.

Bei höheren Koronaverlusten muß man auch die Zunahme des Stromes nach den Kraftwerken hin und die damit verknüpfte Erhöhung der Spannungsverluste berücksichtigen.

Eine genauere Berechnung erübrigt sich insofern, als die Verhältnisse mit Rücksicht auf die Wirtschaftlichkeit niemals so kraß in bezug auf die Verluste liegen dürfen. Eine genaue formelmäßige Berechnung erfordert einen sehr großen Berechnungsaufwand, der nicht gerechtfertigt wäre.

VI. Vergleich zwischen Parallel- und Serienschaltungssystemen.

In den Anfängen der Elektrotechnik wurde die Serienschaltung bevorzugt, erst später ging man dazu über, die Parallelschaltung einzuführen. Namentlich Edison erkannte die Vorteile der Parallelschaltung und wandte sie bereits seit 1879 an, um die Stromverteilung der großen amerikanischen Städte auszuführen. Durch dieses System erreichte man die gegenseitige Unabhängigkeit der einzelnen Stromverbraucher, wie es für Stadtnetze erforderlich ist. Es bestand nur der Nachteil, daß man an die niedrige Spannung, wie sie für den direkten Anschluß von Glühlampen nötig ist, gebunden war. Durch das Edison-Hopkinsonsche Dreileitersystem ergab sich eine Verdoppelung der Übertragungsspannung $= 2 \times$ Lampenspannung. Beim Fünfleitersystem hatte man dann die vierfache Spannung $= 4 \times$ Lampenspannung. Der Gleichstrom war eben bisher nicht transformierbar in statischen Apparaten. Man wandte daher für Kraftübertragungen das Gleichstromseriensystem an, bei dem man höhere Übertragungsspannungen anwenden kann.

Eine bemerkenswerte Anlage mit hochgespanntem Gleichstrom war die in den neunziger Jahren ausgeführte zur Stromversorgung eines Sektors von Paris. Das Kraftwerk befand sich in St. Denis. Große Generatoren in Dreileiteranordnung erzeugten Gleichstrom von 2 · 2200 Volt Spannung. Statt unterirdischer Kabel wurden blanke Kupferschienen angewendet, die in einem unterirdischen Tunnel angebracht waren. Von einem Unterwerk wurde vermittels rotierender Gleichstromumformer die erforderliche Niederspannung zur Verteilung im Stadtnetz erzeugt.

Wir wollen nunmehr die Vor- und Nachteile in bezug auf Wirkungsgrad der Serienschaltung mit der Parallelschaltung aufführen und machen hierzu folgende Aufstellung (Tabelle 6).

Aus der gegebenen Aufstellung ist zu ersehen, daß bei Vollast die Stromwärmeverluste sowohl für die Serien- wie die Parallelschaltung bei gleichem Leitungsquerschnitt und gleicher Spannung gleich hoch sind.

Die Verluste bleiben nun bei der Serienschaltung bei allen Belastungen konstant, da man ja mit konstantem Strom arbeitet. Prozentual wachsen demnach die Verluste, bezogen auf die jeweilige Last, ganz außerordentlich, bei Nulllast wird der Wirkungsgrad = 0. Bei der Parallelschaltung dagegen fallen die Verluste quadratisch mit der Last. Demnach wird der Wirkungsgrad, bezogen auf die durchgehende Last, bei fallender Last immer besser, bei Nulllast ist er 100 % (siehe auch das Kurvenbild zweier Beispiele, Abb. 6).

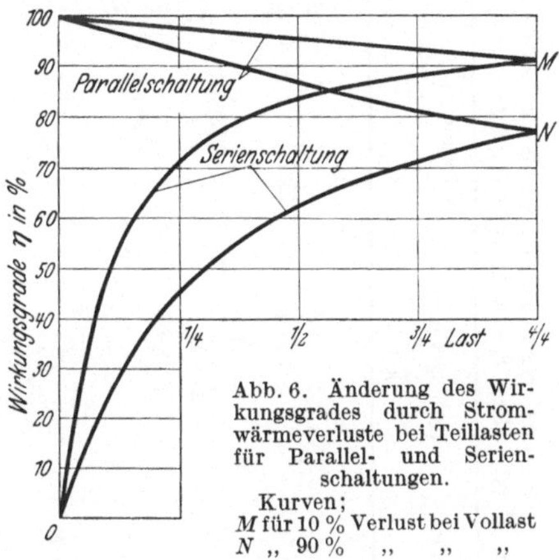

Abb. 6. Änderung des Wirkungsgrades durch Stromwärmeverluste bei Teillasten für Parallel- und Serienschaltungen.
Kurven;
M für 10 % Verlust bei Vollast
N „ 90 %   „   „   „

Man könnte nun aus diesem Verhalten der beiden Systeme annehmen, daß die Parallelschaltung unbedingt vorzuziehen ist. Wenn dies auch für viele Projekte richtig ist, so kann es doch Fälle geben, wo die Vorteile bei der Serienschaltung liegen. Entscheidend ist die Jahresbelastungskurve, die der Anlage zugrunde gelegt werden kann. Ist der Belastungsfaktor sehr hoch, so kann man sich ohne weiteres mit Rücksicht auf die Verluste für das Seriensystem entscheiden. Bei sehr großen Anlagen wird die Benutzungsdauer immer sehr groß sein. Das ergibt sich ohne weiteres daraus, daß solche Anlagen sehr erhebliche Kapitalaufwendungen notwendig machen und daher nur rentabel sein werden, wenn sie gut ausgenutzt werden. Je höher die Übertragungsleistung und je länger die Strecke ist, um so gewaltiger werden die Anlagekosten, und nur unter bester Aus-

Tabelle 6. Wirkungsgrade bei Parallel- und Serienschaltungssystemen bezogen auf die Leistung, die am Ende der Leistung abgegeben wird.

	Leistung kW	Spannungsverlust kV	Leitungsverlust kW	Wirkungsgrad bezogen auf Vollast %	Wirkungsgrad auf jeweilige Last %
A. Parallelschaltung					
1. Vollast	W	$e = \dfrac{W}{U} \cdot R$	$V = \dfrac{1}{2}\left(\dfrac{W}{U}\right)^2 \cdot R$	$\eta_0 = 100 \Big/\!\left(1 + \dfrac{W \cdot R}{2 \cdot U^2}\right)$	$\eta = 100 \Big/\!\left(1 + \dfrac{W \cdot R}{2 \cdot U^2}\right)$
2. $^3/_4$ Last	$\dfrac{3}{4}W$	$= \dfrac{3}{4}\dfrac{W}{U} \cdot R$	$= \dfrac{9}{32}\left(\dfrac{W}{U}\right)^2 \cdot R$	$= 100 \Big/\!\left(1 + \dfrac{9}{32}\dfrac{W \cdot R}{U^2}\right)$	$= 100 \Big/\!\left(1 + \dfrac{3}{8}\dfrac{W \cdot R}{U^2}\right)$
3. $^1/_2$ „	$\dfrac{1}{2}W$	$= \dfrac{1}{2}\dfrac{W}{U} \cdot R$	$= \dfrac{1}{8}\left(\dfrac{W}{U}\right)^2 \cdot R$	$= 100 \Big/\!\left(1 + \dfrac{1}{8}\dfrac{W \cdot R}{U^2}\right)$	$= 100 \Big/\!\left(1 + \dfrac{1}{4}\dfrac{W \cdot R}{U^2}\right)$
4. $^1/_4$ „	$\dfrac{1}{4}W$	$= \dfrac{1}{4}\dfrac{W}{U} \cdot R$	$= \dfrac{1}{32}\left(\dfrac{W}{U}\right)^2 \cdot R$	$= 100 \Big/\!\left(1 + \dfrac{1}{32}\dfrac{W \cdot R}{U^2}\right)$	$= 100 \Big/\!\left(1 + \dfrac{1}{8}\dfrac{W \cdot R}{U^2}\right)$
5. 0 „	0	$= 0$	$= 0$	$= 100$	$= 100$
B. Serienschaltung					
1. Vollast	W	$e = \dfrac{W}{U} \cdot R$	$V = \dfrac{1}{2}\left(\dfrac{W}{U}\right)^2 \cdot R$	$\eta = 100 \Big/\!\left(1 + \dfrac{W \cdot R}{2 \cdot U^2}\right)$	$= 100 \Big/\!\left(1 + \dfrac{W \cdot R}{2 \cdot U^2}\right)$
2. $^3/_4$ Last	$\dfrac{3}{4}W$	$= \dfrac{W}{U} \cdot R$	$= \dfrac{1}{2}\left(\dfrac{W}{U}\right)^2 \cdot R$	$= 100 \Big/\!\left(1 + \dfrac{W \cdot R}{U^2}\right)$	$= 100 \Big/\!\left(1 + \dfrac{2}{3}\dfrac{W \cdot R}{U^2}\right)$
3. $^1/_2$ „	$\dfrac{1}{2}W$	$= \dfrac{W}{U} \cdot R$	$= \dfrac{1}{2}\left(\dfrac{W}{U}\right)^2 \cdot R$	$= 100 \Big/\!\left(1 + \dfrac{W \cdot R}{U^2}\right)$	$= 100 \Big/\!\left(1 + \dfrac{W \cdot R}{U^2}\right)$
4. $^1/_4$ „	$\dfrac{1}{4}W$	$= \dfrac{W}{U} \cdot R$	$= \dfrac{1}{2}\left(\dfrac{W}{U}\right)^2 \cdot R$	$= 100 \Big/\!\left(1 + \dfrac{W \cdot R}{U^2}\right)$	$= 100 \Big/\!\left(1 + 2\,\dfrac{W \cdot R}{U^2}\right)$
5. 0 „	0	$= \dfrac{W}{U} \cdot R$	$= \dfrac{1}{2}\left(\dfrac{W}{U}\right)^2 \cdot R$	$= 100 \Big/\!\left(1 + \dfrac{W \cdot R}{U^2}\right)$	$= 0$

nutzung der Anlagen, indem man sie stets stark belastet arbeiten läßt, wird eine Rentabilität zu erzielen sein. Es muß demnach jeder Fall auf die besonders vorliegenden Verhältnisse, namentlich in bezug auf die Jahresbelastungskurve, geprüft werden, ob man sich für eine Serien- oder Parallelschaltungsanlage entscheiden soll.

Bei der Feststellung des Wirkungsgrades haben wir nur die Stromwärmeverluste berücksichtigt. Wenn man nun diese Aufstellung auch für Vergleiche mit Drehstrom benutzen will, so muß man bei Drehstromparallelschaltung auch hierbei die konstanten Verluste, die durch Phasenschieberanlagen längs der Strecke entstehen, berücksichtigen. Der Wirkungsgrad, der sich damit ergibt, wird eine Mischung von den beiden Wirkungsgradkurven für Serien- und Parallelschaltung sein. Der Wirkungsgrad wird bei Teillasten einer Drehstromübertragung je nach dem Überwiegen der festen über die variablen Verluste oder umgekehrt erst etwas steigen, um dann bei Leerlauf auf Null herabzugehen. Oder er wird gleich von vornherein fallen, aber nicht so stark wie bei nur festen Verlusten. Auf alle Fälle geht der Wirkungsgrad dann bei Nullast auf Null zurück.

VII. Gleichstromübertragung mit der Erde als Rückleitung und Ausbildung der Erder.

Wie die Anlage der Stadt Lausanne[1] gezeigt hatte, ist es durchaus möglich, ohne praktische Unzuträglichkeiten die Erde für eine Gleichstrom-Hochspannungsleitung als Rückleitung zu benutzen. — Die Genehmigung eines dauernden Betriebes in dieser Form wurde jedoch seinerzeit, wie Thury in seinem öfters erwähnten Aufsatz gesagt hat, von den Behörden versagt. Es hatte 1909/10 ein über ein Jahr dauernder Betrieb mit der Erde als Rückleitung stattgefunden. Ein einziges Leitungsseil von 56 km Länge versorgte bei 22 kV Betriebspannung die ganze Stadt Lausanne mit Licht-, Kraft- und Bahnstrom. Auch in bezug auf Gewitterstörungen verlief der Betrieb außerordentlich günstig.

Man wird vorläufig mit Rücksicht auf die schwer zu erreichende Genehmigung jedenfalls Großkraftübertragungen nicht mit Erdrückleitung betreiben, sondern die Erde nur als Reserveleiter benutzen, um in dem Falle einer Betriebsstörung eines Leiters

---

[1] Elektrotechn. Z. 1930 S. 114.

diesen durch die Erde ersetzen zu können und somit eine Betriebsunterbrechung zu vermeiden.

Es ist daher erforderlich, Gleichstromhochspannungsanlagen mit absolut sicher arbeitenden Erdungseinrichtungen zu versehen.

Der durch einen Erder in das Erdreich eintretende Gleichstrom breitet sich nach dem Ohmschen Gesetz entsprechend den Widerstandsverhältnissen räumlich aus. — Der spezifische Widerstand der Erde schwankt je nach der Feuchtigkeit zwischen $s = 5$—10 Kiloohm je cm² Fläche und je cm Länge. Ein guter Mittelwert ist $s = 10$ Kiloohm cm²/cm.

Nach Rüdenberg[1] ist der Ausbreitungswiderstand eines Erders umgekehrt proportional seiner linearen Hauptdimension und ferner proportional einem Zahlenfaktor, der von der Form des Erders und seiner Tiefe im Erdboden abhängt.

Um einige Beispiele anzuführen, sei der Widerstand einer Kreisplatte vom Durchmesser D in cm gegeben. Er ist:

$$R_E = \frac{s}{4D} \text{ Kiloohm.} \tag{27}$$

Also bei einer Platte von 5 m Durchmesser ist bei $s = 10$ Kiloohm-cm

$$R_E = \frac{10}{4 \cdot 500} = \frac{5}{1000} \text{ Kiloohm} = 5 \text{ Ohm}. \tag{28}$$

Der Widerstand eines Rohrerders ist:

$$R_E = \frac{s}{2\pi t} \cdot \ln \frac{4t}{d} \text{ Kiloohm}. \tag{29}$$

Hierin bedeutet t die Tiefe im Erdboden und d den Rohrdurchmesser, beide in cm, unter der Voraussetzung, daß $d < t$ ist.

Beispielsweise ist bei $t = 300$ cm und $d = 6$ cm:

$$R_E = \frac{10}{2\pi\,300} \ln \frac{4 \cdot 300}{6} = 0{,}028 \text{ Kiloohm} = 28 \text{ Ohm}. \tag{30}$$

Der Widerstand eines Kreisringes unter der Erdoberfläche ist:

$$R_E = \frac{s}{2\pi^2 \cdot D} \cdot \ln \frac{8D}{d} \left(1 + \frac{\ln \dfrac{8D}{t}}{\ln \dfrac{8D}{d}} \right) \text{ Kiloohm,} \tag{31}$$

wobei $d < t$ und $t < D$ sein muß.

---

[1] Elektrotechn. Z. 1926 Heft 11 u. 12; ferner Pohlhausen, Fachbericht VDE. Kiel 1927, S. 39; Peters: Mitt. wiss. Abt. der SSW 1928 VII Heft 1.

Nehmen wir beispielsweise einen Großerder in Ringform an, der um das Kraftwerk herum gelegt ist. Es seien:

$$D = 20\,000 \text{ cm}$$
$$t = 200 \text{ cm}$$
$$d = 20 \text{ cm}$$
$$s = 10 \text{ Kiloohm-cm}^2/\text{cm}.$$

Dann wird:

$$R_D = \frac{10}{10\,\pi^2 \cdot 20\,000} \ln \frac{8 \cdot 20\,000}{20} \left(1 + \frac{\ln \dfrac{2 \cdot 20\,000}{200}}{\ln \dfrac{8 \cdot 20\,000}{20}} \right) = 0{,}27 \text{ Ohm.}$$

Weitere Ausführungsformen für Erden sind in dem oben angeführten Aufsatz von Rüdenberg angegeben. Nehmen wir eine gleichmäßige Strombelastung der Außenfläche des Ringes $\sim 125\,\text{m}^2$ an und lassen 8 Amp./m² Dauerbelastung zu, so würde an den Erdern am Anfang und Ende der Strecke unter Vernachlässigung des Erdwiderstandes der übrigen Strecke sich eine Verlustleistung von

$$V_E = 2 \cdot 1000^2 \cdot \frac{0{,}27}{1000} = 540 \text{ kW}$$

ergeben. Das ist bedeutend weniger als der Verlust in einer metallischen Rückleitung. Bei 1000 km Leitungsseil von 1000 mm² Querschnitt hätte man einen Verlust von

$$1000^2 \cdot 1000 \cdot \frac{18{,}2}{1000 \cdot 1000} = 18\,200 \text{ kW.}$$

Angaben über Dauerbelastung mit Gleichstrom von Erdern für den vorliegenden Zweck sind mir zur Zeit nicht bekannt. Es müßten hierüber noch geeignete Versuche angestellt werden.

Die Erder müssen sorgfältig dimensioniert und unterhalten werden, damit sie sich nicht im Betrieb verschlechtern. Die Erwärmung könnte die Erde austrocknen, den Erdwiderstand erhöhen und damit gefährliche Spannungsgefälle im Erdreich verursachen — abgesehen von den damit verknüpften großen Energieverlusten.

Da sich der Strom im Erdboden über einen sehr großen Querschnitt verteilt, ist die eigentliche Erdleitung von praktisch sehr geringem Widerstand. Der größte Teil kommt auf den Erder und die Erde in seiner nächsten Nähe. Das Spannungsgefälle drängt sich also beim Stromdurchgang an dieser Stelle zusammen. Man muß aber bei Errichtung der Anlage vorher sorgfältige Untersuchungen der Bodenverhältnisse machen, damit nicht an Stellen, die wegen ihres trockenen und felsigen Charakters großen Widerstand bieten, Stromzusammendrängungen beispielsweise in Flußtälern zwischen Felsgebirge hervorgerufen werden. Es würden unliebsame Spannungssprünge auftreten, die Unglücksfälle verursachen können.

Wie wir aus dem oben angegebenen Beispiel gesehen haben, könnten bei Verwendung der Erde als Rückleitung gewaltige Kapitalbeträge, Unterhaltungs- und Verlustkosten gespart werden, da selbst die sorgfältigst und reichlich dimensionierten Erderanlagen nur einen Bruchteil der Leitungsanlagen kosten werden.

Um die Wirkung der Elektrolyse abzuschwächen, wird es sich auch bei Anlagen mit Erdrückleitung empfehlen, die Stromrichtung in bestimmten Zeitabschnitten umzukehren.

Bei der Dimensionierung der Erder muß man auch auf die Größe der voraussichtlichen Überlastungen und der Kurzschlußströme und die voraussichtliche Zeitdauer der Einwirkung Rücksicht nehmen.

Die Verluste, die in einer Erdungsanlage eintreten, lassen sich teilweise wiedergewinnen, wenn man die erzeugte Wärme wieder ausnutzt. Man könnte daran denken, die zur Kühlung verwendeten Wassermengen einem Rohrsystem zur Heizung einer Stadt oder eines industriellen Werkes zu benutzen. Auch eine thermische Kraftmaschine könnte betrieben werden, sei es mit Wasser- oder Quecksilberdampf. Leider ist der Wirkungsgrad derartiger Maschinen wenig verlockend, so daß es fraglich erscheint, ob ein wesentlicher Nutzen erzielt wird.

VIII. Anlagen mit Mittelleiter.

Zur Sicherung des Betriebes, um bei Störungen in einem Pol den zweiten in Betrieb halten zu können, kann man die Übertragungsleitung mit einem Mittelleiter ausrüsten. Sein Querschnitt muß daher so dimensioniert sein, daß er den vollen Belastungsstrom aushalten kann und daß der nunmehr auftretende Spannungsabfall von den Kraftwerksmaschinen bewältigt werden kann. Der Nulleiter wird ständig in Betrieb sein. Hierfür muß man auch einen gewissen Querschnitt zur Verfügung haben, um den durch kleine Stromdifferenzen in beiden Polen der Anlage hervorgerufenen Spannungsabfall klein zu halten. Der Abfall wirkt in der einen Hälfte spannungsverringernd und in der anderen Hälfte spannungserhöhend[1].

---

[1] Lohr, E.: Elektrotechn. Z. 1895, S. 753.

Hat man beispielsweise eine Anlage von $L = 1000$ km und $Q = 2 \cdot 200$ mm², die mit $2 \cdot 200$ kV bei 300 Amp. betrieben wird und die mit einem Mittelleiter von $Q_0 = 100$ mm² ausgerüstet ist, so wäre bei Ausfall der Minushälfte der Spannungsabfall im Nulleiter:

$$e_0 = 1000 \cdot \frac{18,2}{100} \cdot \frac{300}{1000} = 54,6 \,\text{kV}.$$

Hierzu kommt der Abfall im Außenleiter:

$$e = 1000 \cdot \frac{18,2}{200} \cdot \frac{300}{1000} = 27,3 \,\text{kV}.$$

Man verliert somit 91,9 kV, so daß für die Stromlieferung für Abnehmer nur die Spannung von $200 - 91,9 = 108,1$ kV übrig bleibt.

Würde man Stromunterschiede zwischen beiden Seiten von 10% zulassen, so ergäbe dies einen Spannungsabfall im Nullleiter von

$$e_0 = 1000 \, \frac{18,2}{100} \cdot \frac{30}{1000} = 5,46 \,\text{kV},$$

so daß die eine Spannungsseite mit

$$200 + 5,46 = 205,46 \,\text{kV},$$

die andere mit

$$200 - 5,46 = 194,54 \,\text{kV}$$

arbeiten. Es ergibt sich somit ein beträchtlicher Unterschied. — Es erscheint demnach besser, statt eines besonderen Nulleiters die Erde zu benutzen. Es könnte aber unter Umständen, wie bereits an anderer Stelle ausgeführt ist, seitens der Behörden ein Verbot des Erdens vorliegen.

IX. Ableitungsverluste.

Bei der bisher gemachten Aufstellung und Berechnung der Übertragungsverluste sind die Ableitungsverluste fortgelassen worden und nur die Stromwärmeverluste berücksichtigt worden. Ableitungsverluste hängen ab von dem Querwiderstand der offenen Leitung, also vom Isolationswiderstand, während die Stromwärmeverluste vom Serienwiderstand der Leitung abhängen. — Wenn man annimmt, daß der Leitungsdurchmesser genügt und keine Koronaverluste auftreten, wie es für praktisch ausführbare Anlagen erwünscht und vorteilhaft ist, so hat man nur mit den bei gutem Wetter als konstant anzunehmenden Ableitungsverlusten zu rechnen. Bei schlechtem Wetter geht der Isolationszustand der Isolatoren herunter. Bestimmte Angaben müßte man sich vom Lieferwerk der Isolatoren geben lassen. Es kommt auf die Regendichte und Leitfähigkeit des Wassers an, wie weit die Isolation herabgehen kann.

Bei gutem Wetter kann man mit einem Isolationswiderstand von $R_W = 20\,000$ Kiloohm je km rechnen.

Beispielsweise bei $U = 200$ kV hätte man einen Ableitungsverlust $V_A = \dfrac{U^2}{R_W} = 2$ kW/km.

Bei schlechtem Wetter kann man etwa mit dem zehnfachen Verlust rechnen. Es kommt bei der Bestimmung des Gesamtverlustes der ganzen Strecke sehr auf die Wetterlage der einzelnen durchzogenen Gebiete an.

Man kann aber sagen, daß bei normalen Wetterverhältnissen die Verluste durch Ableitung gegenüber den Stromwärmeverlusten zu vernachlässigen sind.

Bei Kabelleitungen kann man mit etwa $R_W = 100\,000$ Kiloohm je km rechnen. Also bei 200 kV Betriebsspannung hätte man mit $V_A = \dfrac{200^2}{100\,000} = 0{,}4$ kW/km zu rechnen. Der Isolationswiderstand variiert mit der Temperatur. Angaben hierüber müssen vom Kabelwerk eingeholt werden.

X. Apparate und Maschinen zur Erzeugung von Gleichstrom.

aus mechanischer Energie oder aus Wechselströmen sowie umgekehrt zur Erzeugung von Wechselströmen oder mechanischer Energie aus Gleichstrom.

Für Gleichstrom-Hochspannungsanlagen brauchen wir besondere Apparate und Maschinen, um den hochgespannten Gleichstrom zu erzeugen und dann wieder in andere Energieformen zurückzuverwandeln. — Gleichstrom-Hochspannungsanlagen werden wohl fast immer in Verbindung mit Drehstromverteilungsnetzen arbeiten, sofern es sich nicht um ganz moderne Anlagen handelt, die überhaupt neu geschaffen werden, bei denen mittels Gleichstromtransformatoren Spannungsherabsetzungen gemacht werden, um die Verteilung bis zum Kleinverbraucher nur mit Gleichstrom auszuführen.

Es seien der Reihe nach die hauptsächlich in Frage kommenden Apparate und Maschinen kurz aufgeführt und ihre wichtigsten Eigenschaften, soweit dies in dem engen Rahmen dieses Buches möglich ist und soweit es für den vorliegenden Zweck genügt, erklärt. — Die Entwickelung auf diesem Gebiet ist noch in vollem Gange, und die verschiedensten Systeme kämpfen miteinander. Praktische Anwendungen, mit Ausnahme des Thury-Systems, liegen noch nicht vor, und es fehlen daher die genaueren Angaben. Die Praxis wird lehren, welche Ausführungsarten für die verschiedenen Anwendungszwecke gewählt werden müssen.

1. Die Gleichstrommaschine.

Die größten Erfahrungen im praktischen Betrieb mit Maschinen für hochgespannten Gleichstrom hat unzweifelhaft Thury. Er berichtete hierüber in seinem bereits früher zitierten, auf der Jubiläumsfeier des Elektrotechnischen Vereins gehaltenen Vortrage. Er setzte die Gründe auseinander, warum er für seine Gleichstromhochspannungsanlagen rotierende Maschinen, also Gleichstrommaschinen, verwendet hat[1].

Er mußte sich damals naturgemäß an die Gleichstrommaschine halten, da damals alle anderen Apparate für einen erfolgreichen, praktischen Betrieb überhaupt nicht in Frage kamen.

Soweit man nach dem heutigen Stand des Gleichstrommaschinenbaues beurteilen kann, ist zu sagen, daß man große Maschinen für Spannungen bis etwa 10 kV pro Kommutator bauen kann. Es muß sich dabei aber um Stromstärken von mindestens mehreren hundert Ampere handeln. Große Gleichstrommaschinen werden von den Großfirmen in einwandfreier Ausführung geliefert. Sie haben sich beispielsweise in den norwegischen elektrochemischen Großwerken in jahrelangem Betrieb bei vielfach monatelang dauerndem ununterbrochenem Lauf bewährt. Diese Gleichstromgeneratoren arbeiten allerdings mit geringerer Spannung, jedenfalls bedeutend geringerer Spannung, als sie für große Fernübertragungen notwendig ist.

Die Berechnungsunterlagen sind aber auch für höhere Spannungen in bezug auf einwandfreie Kommutation vollkommen erforscht und auch experimentell festgelegt. Hochspannungsgleichstrommaschinen haben nur eine geringe Polzahl und große Polteilung wegen der großen Zahl von Windungen, die in die Rotornuten einzulegen sind. Kompensationswickelungen auf den Statorpolen dienen zur Aufhebung der Quermagnetisierung durch die Rotorwindungen. Wendepole werden ebenfalls vorgesehen, der Luftspalt wird groß gehalten. Durch diese Maßnahmen erreicht man eine gute Kommutierung vom Kurzschluß bis zur vollen Spannung.

---

[1] Elektrotechn. Z. 1930 S. 114.

Für Hochspannungsanlagen muß man die Gleichstromgeneratoren und -motoren in größerer Anzahl in Serie schalten, weil man nur so die hohen erforderlichen Übertragungsspannungen erzielen kann. Es ist kaum anzunehmen, daß es gelingen könnte, die oben angegebene Grenze von 10 kV pro Kommutator wesentlich zu überschreiten.

Wir kommen jetzt auf die Ausführung der Erregung derartiger Maschinen für den Betrieb in Serienanordnung.

Man kann zwei Systeme von Erregungsanordnungen unterscheiden, und zwar:

a) Erregung im Hauptstrom (Abb. 7).

Da die Maschinen, sowohl Generatoren wie Motoren, in kurz geschlossenem Zustand mit vollem Normalstrom laufen müssen — es ist dies erforderlich, um die Maschinen in den Hauptstromkreis ein- bzw. aus ihm ausschalten zu können —, so ist es notwendig, eine von Hand oder automatisch betriebene Bürstenverstellung vorzusehen.

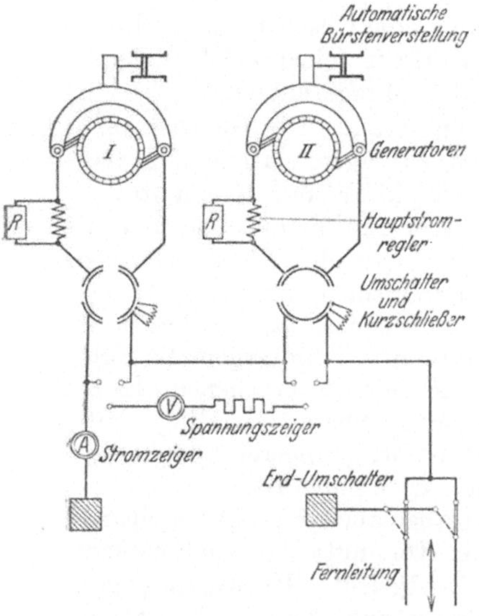

Abb. 7. Schaltung der Generatoren mit Hauptstromerregung für Gleichstromserienanlagen.

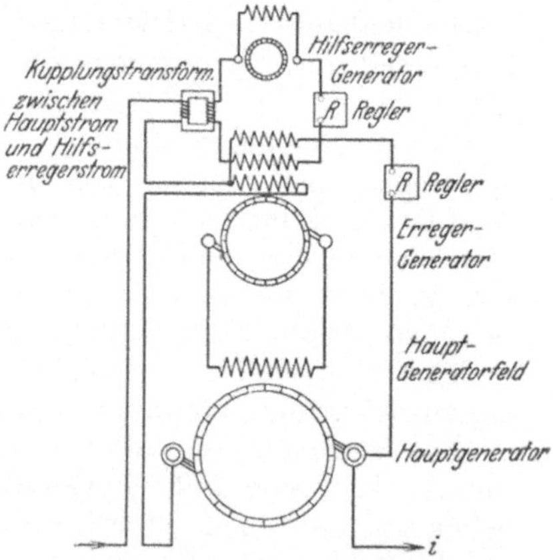

Abb. 8. Schaltung von Hochspannungsgleichstromgeneratoren nach Thury für autostabilen Betrieb.

b) Erregung durch besondere Erregergeneratoren für sog. autostabilen Betrieb.

Die Erregungseinrichtung geht aus der nebenstehenden Schaltung Abb. 8 hervor. Die Haupterregermaschine wird durch drei Wickelungen erregt. Die erste wird von der Hilfserregermaschine gespeist, die zweite durch eine in den Hauptstromkreis geschaltete Serienwickelung in Gegenschaltung, und die dritte liegt im Nebenschluß zur Maschinenspannung.

Der Hauptstromkreis ist mit dem Hilfserregerstromkreis durch einen Transformator gekuppelt, um eine schnelle Entregung im Falle eines Kurzschlusses zu erzielen. Thury bezeichnet die Schaltung als geeignet für einen autostabilen Betrieb. Nach Thury ist diese Art der Regelung einwandfrei ausgeführt worden. Von dem Genannten ist diese Methode ausgebildet worden und namentlich bei großen Leistungen zu empfehlen.

Die Ausführung hat den Vorteil eines sehr geringen induktiven Widerstandes der im Hauptstromkreis liegenden Wickelung, so daß im Störungsfalle die Überspannungen wegen der geringen aufgespeicherten magnetischen Energie nicht so stark anwachsen können.

Thury berichtet über das einwandfreie Arbeiten von Maschinensätzen für 22 kV und 150 Amp. Sie bestehen aus drei einzelnen Generatoren von je 7,3 kV. Die Umlaufszahl beträgt 500. Sie arbeiten vollkommen funkenfrei bei Kurzschluß mit 250 Amp. Das Arbeiten im Kurzschluß muß für Serienanlagen gefordert werden, um die Maschinen aus dem Stromkreis ausschalten bzw. in ihn einschalten zu können. Der Wirkungsgrad bei Vollast beträgt 94 %.

Da die Gleichstrommaschinen doch niemals für so große Leistungen gebaut werden können, wie beispielsweise Drehstromturbogeneratoren, empfiehlt es sich, bei der Anwendung des Seriensystems die Hochspannungsleitung durch alle Kraftwerke hindurchzuführen und die einzelnen Wasserturbinen mit je einem Gleichstromgeneratorsatz zu kuppeln. Es wird sich wohl in den meisten Fällen um Wasserturbinen handeln, da die großen Gleichstromübertragungen in erster Linie dazu dienen werden, die entfernt liegenden Wasserkräfte an die Verbraucherzentren heranzuschaffen. Wasserturbinen laufen aber zumeist auch nicht besonders schnell und sind zur rationellsten Ausnutzung der Wasserkräfte in den einzelnen hydraulischen Kraftwerken von — verglichen mit Dampfturbosätzen — verhältnismäßig kleineren Größen. — So wird man es häufig erreichen können, daß die Turbinengröße und ihre Umlaufszahl für Kuppelung mit 2 bis 3 Gleichstromgeneratoren geeignet sein wird.

Man vermeidet auf diese Weise die Transformierung des zunächst erzeugten Drehstromes in Gleichstrom, die man sonst erhalten würde, wenn man die von den einzelnen Kraftwerken erzeugte Energie erst an einen Sammelpunkt führen würde, von dem aus die Gleichstromübertragung beginnt. Der oben angegebene Wirkungsgrad von 94% ist allerdings nicht sehr hoch. Es dürfte aber möglich sein, wenn große Leitungen in Frage kommen, die Konstruktion noch zu vervollkommnen und durch reichliche Dimensionierung auf höhere Wirkungsgrade zu kommen. Die Maschinen werden überverbandsmäßig gebaut und recht teuer sein. Das Kommutierungsproblem bedeutet ebenfalls eine Begrenzung. Untersuchungen über die Konstruktion sehr großer Gleichstrommaschinen haben gezeigt, daß es durchaus möglich ist, Einheiten bis zu 15 Megawatt zu bauen. Natürlich sind sie nicht mehr bahntransportfähig. Sie werden in Stahlgehäusen aufgebaut, die erst an der Verwendungsstelle zusammengesetzt werden.

Die Motoren rüstet Thury mit verstellbaren Bürsten aus, die von Öldruckreglern gesteuert werden, um auf diese Weise eine Leistungsregelung zu erzielen.

Sowohl Generatoren als Motoren werden isoliert aufgestellt, und ihre Wellen erhalten zur Verbindung mit dem Antriebsmotor bzw. der Verbrauchermaschine isolierte Kuppelungen. In dieser Hinsicht haben sich die von Thury getroffenen Maßnahmen bewährt. Schwierigkeiten in der Bedienung liegen nicht vor. Eine besondere Gefährdung des Bedienungspersonals ist bei Einhaltung einiger Betriebsregeln nicht vorhanden.

2. Mechanischer Synchrongleichrichter „Transverter" von Highfield.

Anstatt wie bei Gleichstrommaschinen einen rotierenden Anker und rotierenden Kollektor und feststehende Bürsten zu verwenden, läßt Highfield den Anker und Kollektor ruhen und dafür die Bürsten sich drehen. Nach der Ansicht von Thury, die er in seinem Vortrag für die Jubiläumsfeier des Elektrotechnischen Vereins 1929[1] äußerte, ist es erforderlich, daß der Kommutator eines Transverters ebenso gut und funkenfrei läuft wie bei einer Gleichstrommaschine. Es scheint aber bisher noch nicht gelungen zu sein, derartige Apparate für einigermaßen nennenswerte Leistungen zu bauen.

Nach Ansicht von Anschütz[2] sind vorläufig mit den bisher untersuchten Hilfsmitteln zur Erzielung einwandfreien Arbeitens namentlich in bezug auf Betriebssicherheit keine günstigen Resultate bekannt geworden. Man muß abwarten, ob dieser Apparat, der einen recht guten Wirkungsgrad aufweisen könnte,

---

[1] Elektrotechn. Z. 1930 S. 114.
[2] Arch. Elektrotechn. Bd. 25 Heft 4 S. 227.

so weit vervollkommnet werden kann, daß er für die Auswahl der Umformungsart Drehstrom-Gleichstrom und umgekehrt in Betrachtung gezogen werden kann.

3. Synchrongleichrichter von Kesselring[1].

Synchrongleichrichter sind solche Apparate, bei denen die Gleichrichtung dadurch erzielt wird, daß synchron mit der Netzfrequenz arbeitende Schalter benutzt werden (Abb. 9). Ein Synchronmotor, der so gebaut sein muß, daß er auch bei starken Frequenzpendelungen genau in Synchronismus bleibt, treibt einen Kollektor. Dieser muß so gebaut sein, daß er frei von Rundfeuer arbeitet. Das an den Bürsten auftretende Kommutierungsfeuer braucht nicht unterdrückt zu werden, da es für die Gleichrichtung nicht weiter schädlich ist. Die Bürsten werden nicht aus Metall oder Kohle hergestellt, sondern es wird ein Strahl gutleitender elektrolytischer Flüssigkeit benutzt. Die beim Abschalten frei werdende Energie verdampft einen Teil der Flüssigkeit, die sich aber nachher wieder kondensiert. Das Elektrolyt gestattet nun eine vollkommen lichtbogenfreie Schaltung, wenn die wiederkehrende Spannung, die nur einen Teil der ganzen Spannung beträgt, einen gewissen Wert nicht überschreitet.

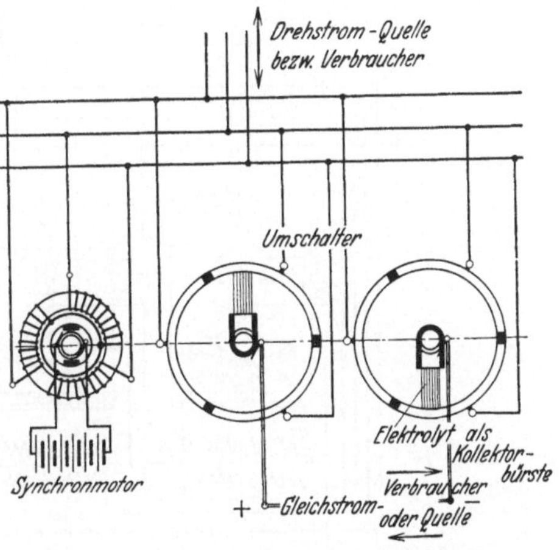

Abb. 9. Synchrongleichrichter nach Kesselring.

Der errechnete Wirkungsgrad ist sehr günstig und soll bei größeren Leistungen etwa 99% bei Vollast betragen. Auch bei fallender Last bleibt der Wirkungsgrad sehr hoch, beispielsweise bei $1/10$ Last noch 99,5%. — Von praktischen Ausführungen ist bisher noch nichts bekannt geworden. Die Nachteile, daß es sich um einen rotierenden, nicht stationären Apparat handelt, und die Benutzung elektrolytischer Flüssigkeiten für das Kontaktgeben bringt gewisse Nachteile mit sich, die aber wieder durch den Vorteil sehr hohen Wirkungsgrades und leichter Strom-

---

[1] VDE.-Fachberichte 1931 S. 21.

hin- und -rücklieferung bei weitem aufgewogen sein dürften.
Es bedeutet einen Vorteil gegenüber dem Quecksilbergleichrichter,
daß die Größe der erforderlichen Transformatoren nur um 15%,
die übertragene Leistung zu übersteigen braucht, während diese
Zahl beim Quecksilbergleichrichter gleich 50% ist. Die Praxis
wird entscheiden müssen, ob der Apparat sich durchsetzen wird.

4. Der Wellenstrahl-Gleichrichter von Hartmann[1].

Während Kesselring für die Gleichrichtung des Wechselstromes eine elektrolytische Flüssigkeit als Stromabnehmer für

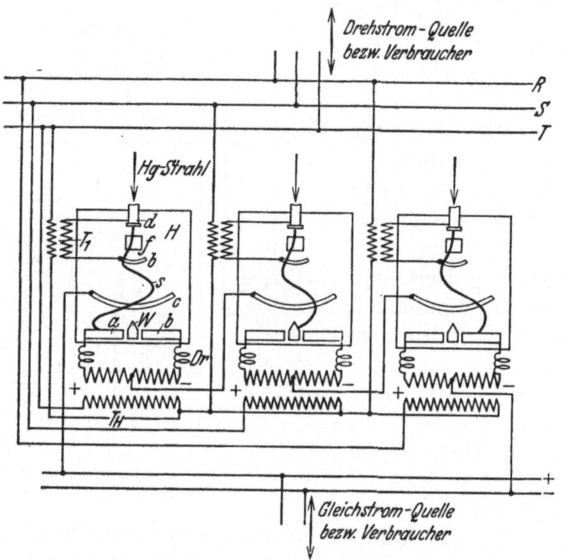

Abb. 10. Wellenstrahlgleichrichter nach Hartmann.

den feststehenden Kommutator benutzt, statt der sonst üblichen
metallischen oder Kohlebürsten, verwendet Hartmann ein
flüssiges Metall, nämlich Quecksilber (Abb. 10). Außerdem vermeidet er rotierende Segmente. Er macht die Sache folgender-
maßen: Es wird durch eine kontinuierlich arbeitende Pumpe
Quecksilber unter Druck gestellt, so daß es in geschlossenem
Strahl mit großer Geschwindigkeit aus einer festen Düse d (Abb. 10)
ausströmt. Dieser Quecksilberstrahl S wird durch magnetische

---

[1] Elektrotechn. Z. 1932 S. 98 und 260.

Beeinflussung des durch ihn fließenden Hilfsstroms hin- und her-
geschleudert und macht dabei abwechselnd Verbindung mit zwei
Kontaktstücken a und b. Die Bewegung des Strahles ähnelt der
einer bewegten Peitschenschnur, sie erfolgt im Takte der Frequenz
und kann niemals von den Sinusschwingungen des Stromes ab-
weichen. Der Strahl wird bei seinem Austritt aus der Düse bis
zu dem Bügel b von einem von dem Transformator T_1 gelieferten
Strom durchflossen. Der Strahl geht zwischen d und b durch
ein starkes magnetisches Feld f. Dadurch wird der Strahl an-
gezogen bzw. abgestoßen genau mit der erforderlichen Frequenz,
die niemals, wie bei rotierenden Kollektoren, die durch Synchron-
motoren angetrieben werden, Pendelungen unterworfen sein kann
und an jeder beliebigen Stelle des Wechselstromnetzes zur Verfügung steht. Der Strahl macht ferner Kontakt mit dem Kontakt-
bügel c, der mit einem Pole des Gleichstromsystems verbunden
ist, und den durchfließenden Strom mit der Doppelelektrode
a, b, und zwar abwechselnd mit a oder b, je nach der Stellung,
die der Strahl einnimmt, verbindet. a und b sind mit den End-
punkten der Sekundärwickelung des Haupttransformators T_H
verbunden. Der andere Pol des Gleichstromsystems ist nunmehr mit dem Nullpunkt der Transformatorensekundärwickelung
verbunden. Man erkennt ohne weiteres, daß wenn beispielsweise
während der ersten Halbwelle des Wechselstromes der Strahl den
Bügel c mit der Elektrode a verbindet, der Strom durch die linke
Wickelungshälfte fließt und daß, wenn der Strom umkehrt, der
Quecksilberstrahl inzwischen die Elektrode b mit dem Bügel c
verbindet, so daß nunmehr der Strom in der gleichen Richtung
aus dem Bügel c der Sammelschiene $+$ zufließt.

Die Einrichtung ist übrigens von der Stromrichtung unabhängig, es kann auch der Gleichstrom in Wechselstrom umge-
wandelt werden, wenn man eine entsprechende Umschaltung des
sog. Erregertransformators T_1 vornimmt.

Die Umschaltung des Strahles beim Übergang von der Elektrode a zur Elektrode b bedeutet bei direktem Übergang einen
vorübergehenden Kurzschluß des Transformators T_H; um ihn
zu vermeiden, wird der Strom kurzzeitig unterbrochen. Die
hierbei auftretenden Funken werden vermieden durch Zwischen-
schalten eines Wolframmessers W. Dasselbe wird, wie betriebsmäßig festgestellt ist, durch den Lichtbogen gar nicht angegriffen,
so daß nur ein Verdampfen einer bestimmten Menge Quecksilber,
die sich an anderer Stelle des Gefäßes kondensiert, stattfindet.
Bei höheren Spannungen verwendet man statt eines mehrere
Wolframmesser.

Um den erzeugten Gleichstrom zu glätten, dienen je zwei Drosselspulen an den Wickelungsenden der Transformatoren.

Der Wellenstrahl ist in eine Kammer, die mit Wasserstoffgas gefüllt ist, eingeschlossen. Es wird dadurch die Verschlammung des Quecksilbers vermieden, außerdem wird die Energie des Funkens zehnmal schneller absorbiert als von irgendeinem anderen Gas.

Es sind bisher nur Gleichrichter für niedrige Spannungen (600 Volt) und kleine Leistungen (200 kW) gebaut worden.

Nach Angaben des Erfinders ist der Gleichrichter namentlich in bezug auf die Strombelastung des Wellenstrahles stark überlastbar. Der Wellenstrahler kann auch zum Gleichstromtransformator ausgebildet werden.

Bisher ist der Apparat für sehr hohe Spannungen nicht gebaut worden, so daß für diesen Zweck die Anwendungsaussichten vorläufig nicht groß sind.

5. Regelbare Energieumformung für Drehstrom-Gleichstrom und umgekehrt mit gesteuertem Quecksilberdampf-Gleichrichter nach Schenkel und von Issendorf[1].

Der neuesten Zeit gehört die außerordentliche Entwickelung des Gleichrichters an. Nur durch diesen Apparat war es möglich, den Gleichstrom in seinen vielseitigen Anwendungen weiter zu benutzen, sei es für Großstadtlicht- und -kraftnetze, sei es für Stadt- und Fernbahnen und andere industrielle Zwecke. Man war schon darauf und daran, den Gleichstrom ganz zu verlassen, weil man große Leistungen über große Gebiete nicht verteilen konnte. Durch die Großgleichrichter, deren praktische Brauchbarkeit wohl jedem, der den Berliner Schnellbahnbetrieb kennt, verständlich ist, besitzen wir einen statischen Apparat, mit dem wir mit hohem Wirkungsgrad Drehstrom in Gleichstrom umwandeln können. Durch Drehstrom-Hochspannungsleitungen wird die Energie überall hingeführt und an den Speisepunkten gleichgerichtet, so daß es heute vielfach nicht richtig ist, die Gleichstromnetze aufzugeben. — Für die Erzeugung hochgespannten Gleichstromes sind Gleichrichter ebenfalls geeignet.

Sie können für Spannungen bis zu 20 kV und Stromstärken bis zu 1000 Amp. gebaut werden. Bei niedrigen Spannungen kann man Gleichrichter für Ströme bis zu 20000 Amp. herstellen.

---

[1] Siemens-Z. 1931 S. 142, siehe auch Märzheft Elektr. Bahnen 1932.

Über diese Grenzen wird man vorläufig wohl nicht hinauskommen. Es ist daher erforderlich, für sehr hohe Gleichspannungen mehrere Gleichrichter in Serie zu schalten. Während die Gleichrichtung des Wechselstromes ohne weiteres möglich ist — wenigstens sind die in der konstruktiven Ausführung bestehenden Schwierigkeiten in den letzten Jahren als überwunden zu bezeichnen — war das Arbeiten in der umgekehrten Energierichtung bis vor kurzem nicht gelungen.

Auch hier mußte die Schwachstromtechnik, wie so auf vielen Gebieten der Starkstromentwickelung, zu Hilfe kommen, und zwar die Röhrentechnik mit Gittersteuerung. Vakuumröhren werden durch Anlegen eines elektrischen Feldes zwischen Anode und Kathode beeinflußt. Der Anodenstrom muß ein sog. Gitter durchströmen, und je nach der Größe des Gitterfeldes wird der Stromdurchgang freigegeben, ganz gesperrt oder in seiner Größe variiert. Der Strom wird somit geregelt. Beim Quecksilbergleichrichter kann

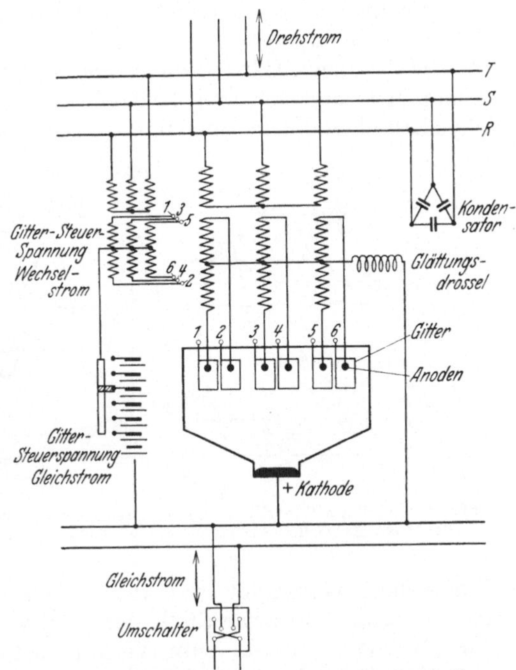

Abb. 11. Prinzipschaltung eines gesteuerten Quecksilber-dampf-Gleichrichters für Hin- und Rückarbeit.

vom Gitter bei Erreichen der Zündspannung der Lichtbogen wohl ausgelöst, aber nun nicht mehr gelöscht werden. Der Strom fließt somit so lange, bis die Wechselspannung durch Null geht. Um nun die Größe der pro Sinuswelle den Gleichrichter durchfließenden Elektrizitätsmenge zu regeln, muß die Zündung des Lichtbogens in einem entsprechenden Zeitpunkt innerhalb der Halbperiode des positiven Stromlaufes erfolgen; derart wird die sekundliche Elektrizitätsmenge den gewünschten Anoden- d. h. den Betriebsstrom liefern (Abb. 11).

Für die Gitterspannung nimmt man eine regelbare Gleichstromspannung, die in Serie mit einer Wechselspannung aus dem gleichen Netz des Gleichrichters geschaltet ist. Man erreicht hierdurch die gewünschte Zündspannung in dem gegebenen Augenblick, wie dies aus dem Diagramm Abb. 11 ersichtlich ist.

Wenn der Gleichrichter an eine konstante Gleichspannung gelegt wird, so dauert die Stromlieferung nur so lange, bis die Wechselspannung auf den Wert der Gegenspannung gesunken ist. Der Stromdurchgang wird somit von der Kommandostelle der Gleichrichterstation geregelt, nicht von dem jeweiligen Bedarf des Gleichstromnetzes.

Überlegungen führten dazu, diese Einrichtungen auch für die Energielieferung im umgekehrten Sinne zu benutzen. In den physikalischen Verhältnissen des Lichtbogengleichrichters ist die

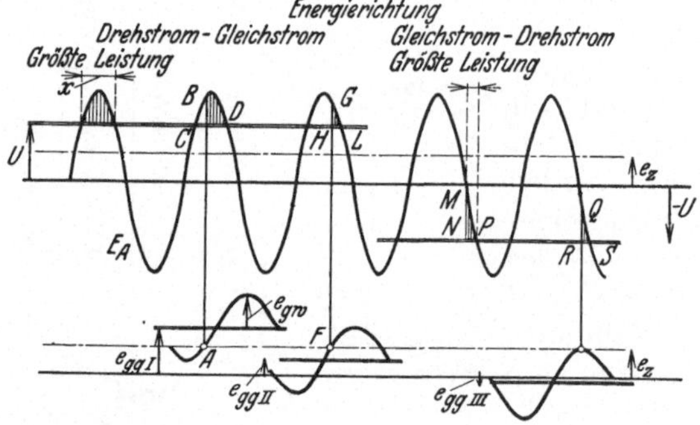

Abb. 12. Regelbare Energieumformung Drehstrom-Gleichstrom und umgekehrt mit gesteuertem Quecksilberdampfgleichrichter nach Schenkel und von Issendorf.

Eigenschaft begründet, daß der Strom nur in einer Richtung fließen kann, und zwar fließt der positive Strom von der Anode zur Kathode, von da zum Verbraucher und nunmehr zurück über den Transformator zur Anode. Eine sehr einfache Überlegung führte zur Lösung des Problems: man muß für die Energieumkehr die Stromrichtung beibehalten und dafür die Spannung umkehren. Die Lösung erinnert an das Ei des Kolumbus! In dem Diagramm Abb. 12 ist das Leistungsregeln dargestellt. Die Anodenspannung E_A wird in gewünschter Höhe vom Transformator aus dem Wechselstromnetz entnommen. U bedeutet die Gleichstromgegenspannung. X bedeutet die pro positive Welle zur Verfügung stehende Elektrizitätsmenge. An das Gitter legen wir nunmehr die Gleichstromgitterspannung e_{GG_I} und die Wechselstromgitterspannung e_{GW}. Bei Einstellen einer geeigneten Spannung e_{GG} wird die Zündspannung des Gitters im Zeitpunkt A erreicht. Wir erhalten damit die Elektrizitätsmenge, dargestellt durch die Fläche BCD. Bei Verringerung der Gitterspannung auf $e_{GG_{II}}$ erfolge die Zündung zu dem Zeitpunkt F, und die gelieferte Elektrizitätsmenge beträgt so viel, wie sie sich aus der Fläche GHL ergibt. Wenn wir nunmehr auf Stromrücklieferung übergehen, so müssen wir zunächst die Netzspannung U umkehren. Es ist dann die zur Verfügung stehende Elektrizitätsmenge durch den Schnittpunkt von $-U$ mit der Anodenspannungswelle bestimmt, und zwar ergibt sich die Fläche MNP. Die Regelung erfolgt ebenfalls durch Veränderung der Gleichstromgittervorspannung e_{GG}. Beispielsweise mit $e_{GG_{III}}$ erhalten wir die Fläche QRS. e_z bedeutet hierbei die Zündspannung.

Während der gesteuerte Gleichrichter auch ein sehr wichtiges Anwendungsgebiet für die Frequenzumformung hat, soll hier nur über die Gleichstromumformung gesprochen werden. Es ist üblich geworden, Gleichrichter für Drehstrom-Gleichstrom nach Wechmann als „Umrichter", und solche für Frequenzumformung des Wechselstromes als „Wechselrichter" zu bezeichnen.

Ein wichtiger Punkt bei der Gleichrichtung ist die Blindstromfrage. Für unsere Zwecke kommt für die Übertragung selbst nur Wirkstrom in Frage. Es sei über dieses Gebiet auf den besonderen Abschnitt über den Blindstrom hingewiesen.

Über Wirkungsgrade, Spannungsabfälle, Blindstrombedarf usw. der Gleich- und Umrichteranlagen sind zahlreiche Veröffentlichungen in der technischen Literatur enthalten, so daß es sich erübrigt, darauf einzugehen.

Als Beispiel aus neuerer Zeit einer Bestimmung über die Verluste und Spannungsabfälle von Hochspannungsgleichrichtern sei auf einen Aufsatz von Nowag[1] hingewiesen, der über eine, allerdings verhältnismäßig kleine, gesteuerte Gleichrichteranlage für 520 kW berichtet. Es wird von 380 Volt Drehstrom auf Gleichstrom 20 kV, 26 Amp. bzw. 10 kV und 52 Amp. transformiert.

Es betragen die Verluste:

im Gleichrichter	0,65 kW
„ Transformator	13,54 „
in den Saugdrosseln	1,30 „
im Drehtransformator	13,29 „
Summe:	28,78 kW

so daß sich ein Wirkungsgrad ergibt von

$$\eta = \frac{520}{520 + 28{,}78} = 0{,}948.$$

---

[1] BBC.-Nachr. 1932 März/April S. 28.

Der Spannungsabfall beträgt:

$$\text{induktiv} \quad \ldots \ldots \ldots \ldots \quad 5,6\,\%$$
$$\underline{\text{ohmisch} \quad \ldots \ldots \ldots \ldots \quad 2,4\,\%}$$
$$\text{Summe:} \quad 8\,\%$$

Der Leistungsfaktor geht herab durch das Transformatoren- und Drehtransformatorenstreufeld und den Magnetisierungsstrom bei Vollast auf 90%.

Der Spannungsabfall und Blindstrombedarf wird durch die Anwendung eines Drehtransformators zur Spannungsregelung statt eines Transformators mit im Betriebe umschaltbare Anzapfungen stark vergrößert.

Für normale Gleichrichter gibt Odermatt[1] folgende Werte an:

Tabelle 7.

Schaltart	Spannungsabfall		Leistungs-faktor	Transformatoren-größe bezogen auf die Gleich-stromleistung
	insgesamt	im Lichtbogen		
	%	Volt	$\cos \varphi$	%
Sechsphasenschaltung . .	10	26	0,93	170
Sechsphasenzickzack-schaltung	5	26	0,95	150
Doppeldreieckschaltung . .	4,3	22	0,95	138

Die in der Abb. 11 gegebene Schaltung eines gesteuerten Gleichrichters enthält nur das wesentlichste. Es wird noch eifrig an der Entwickelung dieser Apparate gearbeitet, so daß die endgültige Ausführung noch nicht in allen Einzelheiten festliegt.

Gleichrichter für Serienanlagen müssen besonders behandelt werden. Da diese Anlagen mit konstantem Strom arbeiten, ändert sich die Spannung, wenn die Belastung zurückgeht. Da der Gleichstrom in genauer Beziehung zum zugeführten Wechselstrom steht, muß bei verringerter Leistung der Wechselstrom ebenfalls bestehen bleiben. Auch die Wechselstromspannung bleibt bestehen, so daß die verringerte Leistung sich durch Änderung des Leistungsfaktors zu erkennen gibt. — Um Unzuträglichkeiten zu vermeiden, empfiehlt es sich, bei Lastsenkungen einen Teil der Gleichrichter außer Betrieb zu nehmen, um auf diese Weise stets mit vollbelasteten Apparaten, höchstem Wirkungsgrad und bestem Leistungsfaktor zu arbeiten. Serienanlagen werden wohl stets sehr stark belastet laufen. Für variablen Betrieb sind sie wegen der konstanten Verluste nicht sehr geeignet.

---

[1] Rziha und Seidener: Bd. 1 S. 723.

6. Das Thyratron.

In ähnlicher Weise wie die soeben beschriebene Einrichtung zur Gleichrichtung des Wechselstromes und umgekehrt zur Erzeugung von Wechselstrom aus Gleichstrom arbeiten die von der General Electric entwickelten Thyratronröhren. Durch Zusammenbau von zwei Apparaten je für eine Stromrichtung erhält man einen sog. Gleichstromtransformator, der Gleichstrom von einer gewissen Spannung auf eine andere transformiert. Hierüber berichtet D. C. Price[1].

Bisher ist von praktischen Anwendungen der Thyratronröhre für größere Leistungen nichts verlautbar geworden.

7. Der Quecksilberumrichter von Mitsuda[2].

Mitsuda hat einen Quecksilberlichtbogen-Gleichrichter mit einer im Takte der Frequenz rotierenden Scheibe, die mit Ausschnitten versehen ist, ausgerüstet. Die Scheibe befindet sich im Gefäß zwischen Anoden und Kathode. Der Zweck ist, den Lichtbogen zünden zu lassen bzw. zu unterbrechen, und zwar derart, daß die Energielieferung aus dem Wechselstromnetz unterbrochen bleibt und nur aus dem Gleichstromnetz in das Wechselstromnetz erfolgen kann. Die Schaltung ist aus Abb. 13 zu ersehen.

Außer zur Stromrücklieferung läßt sich der Apparat auch zur Frequenzumformung und in doppelter Ausführung als Gleichstromtransformator verwenden.

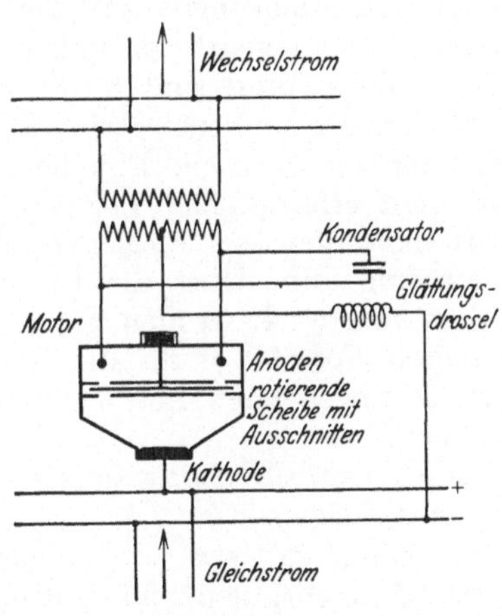

Abb. 13. Schaltung des Umrichters nach Mitsuda (Mercuryinverter).

Apparate größerer Leistung sind, soweit bekannt, nicht gebaut worden. Es erscheint fraglich, ob man den Apparat aus konstruktiven Gründen für sehr große Leistungen, hohe Spannungen und für Serienschaltung bauen kann.

---

[1] Price, D. C.: Gen. electr. Rev. Bd. 31 S. 34; siehe auch Elektrotechn. Z. 1929 S. 902 und Stone: Electr. Wld. Bd. 97 S. 488; Elektrotechn. Z. 1931 S. 971.
[2] Zweite Weltkraftkonferenz 1930 Sektion 18 Bericht 402.

XI. Deckung des Blindstrombedarfs der an eine Gleichstromanlage angeschlossenen Drehstromnetze.

Es liegt in der Natur der Sache, daß man in den Stromabnahmestellen für die Erzeugung des erforderlichen mit der Netzfrequenz schwingenden Blindstromes sorgen muß, da er durch die Gleichstromleitung nicht hindurchgeführt wird.

Keine besonderen Schwierigkeiten entstehen bei Motorgeneratorsätzen, da die Drehstromseite bei entsprechender Erregung den zu liefernden Blindstrom mit dem Wirkstrom zusammen liefern kann. Außerdem kann man die üblichen Methoden der Blindstromerzeugung anwenden.

Bei Anlagen mit Gleich- und Umrichtern muß der Bedarf an Blindstrom für Transformatoren und Drosseln auch durch besondere Einrichtungen zur Verfügung gestellt werden. Hierfür wendet man neuerdings immer mehr Kondensatoren an.

Kondensatoren sind heute verhältnismäßig billig geworden. Ihre Verluste sind sehr gering (0,5%), und ihre Betriebssicherheit ist ständig gewachsen. Eine besondere Bedienung dieser Apparate ist nicht erforderlich. Bei gesteuerten Gleich- und Umrichtern tritt eine gewisse Phasenverschiebung zwischen Strom und Spannung auf. Über die Größe derselben muß man sich Angaben von der liefernden Firma machen lassen, die auch die geeigneten Vorschläge für die Regelung des Drehstromes auf die für die abgehenden Leitungen erforderliche Phasenverschiebung macht.

Man hat also im wesentlichen folgende Blindleistungen zu berücksichtigen.

1. Vom Kraftwerk bis zur Gleichrichterstation in Transformatoren, Drosselspulen und Leitungen.

Es sei besonders darauf aufmerksam gemacht, daß für die Transformatoren nicht nur mit der Magnetisierungsleistung zu rechnen ist, sondern auch mit der aus der Transformatorenstreuspannung sich ergebenden. Beispielsweise hat man bei einem Transformator von 100 MVA Leistung bei 80% Belastung zu rechnen mit:

Magnetisierungsleistung (etwa 3,5%) . . . . . .   3500 kVA

Streuleistung (beispielsweise mit einer Streuspan-

$\qquad$ nung von 12%) $\dfrac{12}{100} \cdot 0{,}8^2 \cdot 100\,000$ . . . . . .   7680 „

$\qquad\qquad\qquad\qquad\qquad\qquad$ Summe: 11 180 kVA

2. In der Gleichrichterstation für Transformatoren und Drosselspulen (abzüglich der Kondensatorenleistung, falls solche aufgestellt werden).

3. In der Umrichterstation dasselbe wie in 2. Hierzu kommt noch der Blindstrombedarf der angeschlossenen Abnehmer.

In den Umrichterstationen müßte voraussichtlich ein oder mehrere Synchronphasenschieber wegen ihrer sehr bequemen Regelbarkeit aufgestellt werden. Natürlich liegt nichts im Wege, entsprechende Kondensatorbatterien aufzustellen. Es erfordert dies bei der Planung einer größeren Anlage eine sorgfältige Untersuchung über die beste Lösung.

XII. Kurze Zusammenstellung der Vor- und Nachteile des Gleichstromsystems gegenüber dem Drehstromsystem.

Wenn wir diesen Vergleich nur für Gleichstrom und Drehstrom machen, statt die übrigen Wechselstromsysteme einzubeziehen, so liegt dies daran, daß der Drehstrom die anderen Wechselstromsysteme fast vollkommen verdrängt hat, und es genügt, sich auf den Drehstrom zu beschränken. Es soll aber an dieser Stelle darauf hingewiesen werden, daß beispielsweise der Einphasenstrom in der Übertragung beachtenswerte Vorteile aufweist[1]. In neuerer Zeit ist die Drehstromübertragung für große Entfernungen und große Leistungen möglich geworden, indem man die bis dahin bestehenden Schwierigkeiten überwand[2].

Die in den physikalischen Verhältnissen begründeten Vorteile des Gleichstromes seien hier kurz aufgeführt:

1. Der Gleichstrom verteilt sich gleichmäßig über den Querschnitt der Leitung, der somit voll ausgenützt wird gegenüber dem Wechselstrom, bei dem eine Stromverdrängung nach außen stattfindet — der sog. Skineffekt fällt bei Gleichstrom fort!

2. Die Koronaverluste sind wesentlich geringer, da die kritische Spannung 41% höher liegt als bei der effektiven Wechselstromspannung.

3. Die Isolation der Leitungen und Apparate und Maschinen gestattet bei gleicher Isolation eine höhere Spannung, und zwar

---

[1] Siehe meine Ausführungen auf der Essener Höchstspannungstagung 1925, Sonderdruck. Berlin: Julius Springer.

[2] Siehe Rüdenberg: Vortrag in Aachen. Elektrotechn. Z. 1929 S. 970. — Burger: Siemens-Z. 1922 S. 248. — Berechnung von Drehstromkraftübertragungen. 2. Aufl. 1931 S. 158 u. ff.

mindestens um 41 % höhere Spannung, als die effektive Wechselstromspannung ist, anzuwenden. Wegen der ruhenden, nicht alternierenden Spannung kann man sogar auf die 1,7- bis 2fache Spannung gehen.

4. Die Ladeströme, verursacht durch die Kapazität der Leitung, fallen fort. Man muß sie bei Wechselstrom durch geeignete Apparate kompensieren. — Um sich ein Bild zu machen über die Größe der diesen Ladeströmen entsprechenden Blindleistungen, seien folgende Zahlen genannt:

1. 100 km Freileitung, 60 kV, $3 \cdot 95\,\mathrm{cm}^2$, ergeben
   1000 Blindkilowatt Ladeleistung,
2. 100 km Freileitung, 100 kV, $3 \cdot 95\,\mathrm{cm}^2$, ergeben
   2800 Blindkilowatt Ladeleistung,
3. 100 km Kabelleitung, 60 kV, $3 \cdot 95\,\mathrm{cm}^2$, ergeben
   18000 Blindkilowatt Ladeleistung,
4. 100 km Kabelleitung, 100 kV, $3 \cdot 95\,\mathrm{cm}^2$, ergeben
   40000 Blindkilowatt Ladeleistung.

Diese Blindleistungen und ihre Kompensierung fallen bei Gleichstrom fort. Man hat nur eine ruhende Kapazitätsladung auf den Leitungen, die sich nur im Erdungsfall oder sonstigen Störungsfällen entladen können.

Es entsprechen obigen Werten für den Fall

$$1: \quad A = U^2 \cdot C = \quad 3{,}2 \ \text{Kilojoule}$$
$$2: \quad A = U^2 \cdot C = \quad 8{,}8 \qquad \text{,,}$$
$$3: \quad A = U^2 \cdot C = \quad 59{,}2 \qquad \text{,,}$$
$$4: \quad A = U^2 \cdot C = 127 \qquad \text{,,}$$

Wie man sieht, sind dies gegenüber den Blindbelastungen durch die Leitungskapazität verhältnismäßig geringe Werte.

Sie treten, wie gesagt, nur in Störungsfällen und bei Schaltvorgängen in Erscheinung.

5. Die Stabilität der Übertragung wird bei Gleichstrom nur beeinflußt durch den Ohmschen Widerstand der Leitung. Es fallen die Vektorverdrehungen der Spannungen am Anfang und Ende der Leitung fort und damit die Gefahr des Außertrittfallens der Anlage. Hierfür sind nur die sonstigen Induktivitäten des Stromkreises, soweit sie im Wechselstromteil liegen, die nun einmal nicht zu vermeiden sind, zu berücksichtigen, d. h. in den Generatoren, Motoren und eventuell Transformatoren.

6. Bei Kabelleitungen mit Bleimantel fallen die Bleimantelströme fort, die bei Wechselstrom große Stromwärmeverluste verursachen oder sonst Kompensationseinrichtungen erfordern.

7. Bei Gleichstromserienanlagen besteht ein weiterer Vorteil
in der Möglichkeit, sehr gut Wasserkräfte ausnützen zu können,
bei denen die Gefällhöhe stark schwankt. Dieser Fall tritt sowohl
bei Wasserkraftanlagen in Flußläufen als auch bei Speicherwerken
ein. Es bedeutet eine große Erleichterung für die Konstruktion
der Turbinen, wenn man mit variablen Umlaufszahlen arbeiten
kann. Man erreicht damit günstigste Wirkungsgrade bei stark
variierenden Gefällhöhen, wenn man nicht wie bei Wechselstromanlagen an die Einhaltung der Frequenz gebunden ist. Bei Fluß-
wasserkräften hat man mit Gefällverringerungen bei Hochwasser
zu rechnen. Bei Speicherwerken kann man bedeutend größere
Arbeitsmengen dem Speicher entnehmen, wenn man den Wasser-
spiegel stärker senken kann, als dies bei Frequenzhaltung möglich ist[1].

XIII. Berechnung einer wirtschaftlichen Gleichstromkraftübertragung in bezug auf Querschnitt und Betriebsspannung[2].

1. Parallelschaltungsanlagen.

a) Fall I. Leitung allein.

In Anlehnung an die für Drehstromkraftübertragungen gegebene Methode berechnen wir eine Gleichstromübertragung zunächst für die Leitung allein in der Annahme, daß das Unternehmen nur die Leitung errichtet, die Kraftwerke sowie die an
den Enden der Leitungsstrecke erforderlichen Endstationen zur
Erzeugung und Transformierung aber vom Stromerzeuger bzw.
vom Stromverbraucher errichtet werden. Dieser Fall ist sehr
gut möglich, da aller Voraussicht nach hochgespannter Gleichstrom nur für sehr hohe Leistungen und sehr große Übertragungs-
entfernungen angewendet werden wird.

Die erforderlichen Kapitalien werden dementsprechend sehr
hoch sein, und sie können von der gleichen Gesellschaft, die die
übrigen Anlageteile errichtet, kaum bewältigt werden. Außerdem muß ja auch die Leitung allein für sich eine genügende
Rentabilität ergeben, so daß eine getrennte Untersuchung der
Leitung allein wohl am Platze erscheint.

Die in folgendem gegebene Berechnung ist nach Möglichkeit
unabhängig von den zufälligen Währungsverhältnissen gehalten.

[1] Siehe auch Elektrotechn. Z. 1931 S. 971.
[2] Gosebruch: Elektrotechn. Z. 1931 S. 689 und 1932 S. 453.

Genauere Berechnungen müssen stets auf Grund für den Fall eingeholter Angebote durchgeführt werden.

Um die wirtschaftlichen Werte, Querschnitt und Betriebsspannung zu bestimmen, muß man die Kosten der Leitung in Formeln ausdrücken. Man kann auf Grund gegebener Werte für die Anlagekosten einer Gleichstrom-Hochspannungsleitung annehmen, daß der kilometrische Einheitspreis einer Leitung sich aus drei Summanden zusammensetzt, von denen der erste eine konstante Größe ist. Dies sind bestimmte Kosten, die bei jeder Leitung als kilometrischer Wert festliegen (Trassierung, Verhandlungen usw.). Der zweite Summand ist abhängig vom Quadrat der Spannung. Die quadratische statt der einfachen Spannungsabhängigkeit ist vorteilhafter zu wählen, da außer dem quadratischen Anwachsen der Isolierung der Leitung Mehrkosten durch Notwendigkeit der Verwendung von Hohlseilen, große Seilabstände u. dgl. entstehen. Der dritte Summand drückt die Metallkosten, die proportional dem Querschnitt wachsen, aus. Die auf Grund der jetzt anzustellenden Untersuchungen gefundenen Werte sollen nur einen Anhalt bieten. Die Konstanten für das wirkliche Projekt muß man sich zum Zeitpunkt der Untersuchung erst beschaffen. Infolge der vielfachen Beunruhigungen der Währungsverhältnisse und der wirtschaftlichen Verschiebungen kann man einige Zeit zurückliegende Zahlen nicht benutzen.

Man kann nach den obigen Ausführungen die aufzuwendenden Kapitalkosten für die Anlage einschließlich aller Unkosten, wie beispielsweise Kapitalisierung der Bauzinsen usw. usw., ausdrücken durch die Formel:

$$P = L(n_L + a\,U^2 + b\,Q),\qquad(32)$$

worin n_L, a und b konstante Werte sind.

Die jährlichen Stromwärmeverluste (unter Vernachlässigung der geringfügigen Ableitungsverluste) werden sein:

$$A_v = \frac{1}{2}\left(\frac{W}{U}\right)^2 R_s \cdot \frac{L}{Q} \cdot h_v\qquad(33)$$

worin h_v die Verlustdauer ist. Diese Größe wird in einem besonderen Abschnitt eingehend erörtert werden.

$100\,p$ bedeutet den Zinsfuß für Amortisation, Verzinsung und Unterhaltung der Anlage und k den Kilowattstundenpreis für die Verluste in Mark. Hierbei wird ein konstanter Preis eingesetzt, wie er zwischen dem Unternehmen der Übertragungsleitung mit dem Kraftwerk zu vereinbaren ist. Die jährlich aufzuwendenden Kosten werden dann sein:

$$\Re = p\,P + k\,A_v.\qquad(34)$$

Um die Spannung und den Querschnitt zu finden, bei denen die jährlichen Kosten ein Minimum werden, haben wir obige Gleichung einmal nach Q, das andere Mal nach U zu differenzieren und die Differentialquotienten gleich Null zu setzen.

Wir erhalten demnach:

$$\frac{d\mathfrak{K}}{dQ} = 0 = p\,b\,L - \frac{k}{2}\left(\frac{W}{U}\right)^2 R_s \frac{L}{Q^2}\,h_v \tag{35}$$

$$Q^2 = \left(\frac{W}{U}\right)^2 \frac{k}{2} \cdot \frac{R_s \cdot h_v}{p\,b} \tag{36}$$

und es ergibt sich

$$Q_{\text{wirt}} = \frac{W}{2\,U} \cdot \sqrt{2\,\frac{k}{p} \cdot R_s \cdot h_v \cdot \frac{1}{b}}\ \text{mm}^2 \tag{37}$$

als wirtschaftlicher Querschnitt.

Daraus ergibt sich die wirtschaftliche Stromdichte, da $\frac{W}{2U} = i$ der Leitungsstrom ist, zu:

$$y_{\text{wirt}} = \sqrt{\frac{p \cdot b}{2\,k \cdot R_s \cdot h_v}}\ \text{Amp/mm}^2. \tag{38}$$

Die wirtschaftliche Spannung wird sein, aus:

$$\frac{d\mathfrak{K}}{d\,U} = 0 = 2\,a \cdot L \cdot U \cdot p - k \cdot \frac{W^2}{U^3} \cdot R_s \cdot \frac{L}{Q} \cdot h_v \tag{39}$$

$$U = \sqrt[3]{W} \cdot \sqrt[6]{\frac{k}{2\,p} \cdot R_s \cdot h_v \cdot \frac{b}{a^2}}\ \text{kV}. \tag{40}$$

Man ersieht aus den obigen Betrachtungen, daß die wirtschaftliche Stromdichte unabhängig von Leistung, Spannung und Streckenlänge ist und für bestimmte Werte von p, k, R_s, h_v und b konstant ist. Die wirtschaftliche Spannung ist dagegen abhängig von der dritten Wurzel aus der Leistung und einem Faktor, der sich aus den konstanten Werten p, k, R_s, h_v, a und b zusammensetzt.

b) Fall II. Leitung allein, aber mit Grundgebührentarif für die Verlustenergie.

Man könnte daran Anstoß nehmen, daß der Verluststrom im vorigen Abschnitt mit einem konstanten Kilowattstundenpreis gerechnet ist. Bei der voraussichtlich hohen Benutzungs- und Verlustdauer dürfte die Komplikation eines anderen Tarifes nicht notwendig sein. Wenn aber starke Lastschwankungen zu erwarten sind, dann ist es angebracht, einen Grundgebührentarif für die

Verlustarbeit einzuführen. Es ändert sich dann die vorher gegebene Formel der jährlichen Kosten in:

$$\mathfrak{K} = p \cdot L \cdot (n_L + a\,U^2 + b\,Q) + \frac{k}{2}\left(\frac{W}{U}\right)^2 R_s \frac{L}{Q} h_v + g \cdot W \cdot h\,. \quad (41)$$

Hierbei ist g der Grundpreis für die maximale Leistung W und h die Benutzungsdauer. Da der dritte Summand weder U noch Q enthält, ist er für die Bestimmung der wirtschaftlichen Werte ohne Einfluß.

Man bekommt somit sowohl für den Querschnitt als für die Spannung die gleichen Formeln wie im Falle I.

c) Fall III. Leitung und Endstationen.

Da wir die genaueren Kosten der Endstationen einer Gleichstromübertragung nicht kennen, müssen wir Annahmen machen, die im großen und ganzen für die verschiedenen Arten der Stromumformung gelten können. Wir nehmen an, daß die Stationskosten proportional der installierten Leistung sind. Der Einheitswert der Leistung wiederum bestehe aus zwei Summanden, einer konstanten Zahl und einem Zusatzglied, der mit dem Quadrat der Spannung zusammenhängt. Somit erhalten wir die Anlagekosten für eine Leitung mit zwei Endstationen zu:

$$P = L\,(n_L + a\,U^2 + b\,Q) + 2\,W\,(n_{ST} + c\,U^2)\,. \quad (42)$$

Die Verlustarbeit im Jahre wird sein:

$$A_v = \frac{1}{2}\left(\frac{W}{U}\right)^2 \cdot R_s \cdot \frac{L}{Q} \cdot h_v + V_{ST} \cdot H\,, \quad (43)$$

worin H die Benutzungsdauer der Anlage im Jahre, zumeist $= 8760$ Stunden, ist und V_{ST} die Stationsverluste der Anlage sind.

Die jährlichen Kosten werden nunmehr mit einer Verzinsung von $p \cdot 100\%$ und k Mark/kWh berechnet.

Die Stromkosten nehmen wir ebenso wie die im Falle I als vereinbarten Wert an, der die Belastungskurve berücksichtigt.

Die Jahreskosten werden sein:

$$\mathfrak{K} = p \cdot L\,(n_L + a\,U^2 + b\,Q) + 2\,p\,W\,(n_{ST} + c\,U^2)$$
$$+ \frac{k}{2}\left(\frac{W}{U}\right)^2 R_s \frac{L}{Q} h_v + k\,V_{ST} \cdot H\,. \quad (44)$$

Wir differenzieren nunmehr zur Bestimmung der wirtschaftlichen Werte nach Q und U und setzen die Differentialquotienten gleich Null und erhalten:

$$\frac{d\Re}{dQ} = 0 = pLb - \frac{k}{2}\left(\frac{W}{U}\right)^2 R_s \frac{L}{Q^2} h_v \tag{45}$$

$$Q_{\text{wirt}} = \frac{W}{2U} \cdot \sqrt{2 \cdot R_s \cdot h_v \cdot \frac{k}{p} \cdot \frac{1}{b}} \ \text{mm}^2 . \tag{46}$$

Die wirtschaftliche Stromdichte ist daher:

$$y_{\text{wirt}} = \sqrt{\frac{p}{2k} \cdot \frac{b}{R_s h_v}} \ \text{Amp/mm}^2 . \tag{47}$$

Die wirtschaftliche Spannung ergibt sich aus:

$$\frac{d\Re}{dU} = 0 = 2p \cdot L \cdot a + 4p \cdot W \cdot c - k \frac{W^2}{U^3} R_s \frac{L}{Q} h_v \tag{48}$$

$$U = \sqrt[3]{W} \cdot \sqrt[6]{\frac{k}{2 \cdot p} \cdot R_s \cdot h_v \cdot \frac{b}{\left(a + 2c\,\dfrac{W}{L}\right)^2}} \ \text{kV} . \tag{49}$$

d) Fall IV. Leitung und Endstation unter Berücksichtigung der Vergrößerung des Kraftwerkes für die Verluste.

Wie bereits in der „Berechnung von Drehstromkraftübertragungen" behandelt worden ist, kann man auch die Vergrößerung des Kraftwerkes, die erforderlich ist, um die Mehrleistung gegenüber der am Ende abgenommenen Leistung aufzubringen, berücksichtigen. Es könnte beispielsweise, wenn man die Leitung allein betrachtet, vorteilhaft sein, einen sehr großen Verlust zuzulassen, während es vom Standpunkt des Kraftwerkes aus erwünscht wäre, das Kraftwerk so klein als möglich zu errichten. Es muß da einen optimalen Wert für den Verlust geben, den wir jetzt berechnen wollen.

Wir nehmen an, daß die Vergrößerung des Kraftwerkes sich aus der Verlustleistung V multipliziert mit einem Faktor n_{kr} ergibt. Die jährlichen Kosten der Übertragung werden sein, wenn die Kraftwerkskosten mit q $100\,\%$ vom Anlagenwert zu rechnen sind:

$$\Re = p \cdot L \cdot (n_L + aU^2 + bQ) + 2p \cdot W \cdot (n_{ST} + cU^2)$$
$$+ q \cdot n_{Kr} \cdot \frac{1}{2}\left(\frac{W}{U}\right)^2 \cdot R_s \cdot \frac{L}{Q} + \frac{k}{2} \cdot \left(\frac{W}{U}\right)^2 \cdot R_s \cdot \frac{L}{Q} h_v + t \cdot V_{ST} \cdot H. \tag{50}$$

$$\frac{d\Re}{dQ} = 0 = p \cdot L \cdot b - q \cdot n_{Kr} \cdot \frac{1}{2}\left(\frac{W}{U}\right)^2 \cdot R_s \cdot \frac{L}{Q^2} - \frac{k}{2}\left(\frac{W}{U}\right)^2 \cdot R_s \cdot \frac{L}{Q} h_v \tag{51}$$

und erhalten den wirtschaftlichen Querschnitt:

$$Q_{\text{wirtsch}} = \frac{W}{2\,U} \cdot \sqrt{\frac{2\,R_s}{p} \cdot (k \cdot h_v + q \cdot n_{Kr}) \cdot \frac{1}{b}}\ \text{mm}^2 \qquad (52)$$

und die wirtschaftliche Stromdichte:

$$y_{\text{wirt}} = \sqrt{\frac{p \cdot b}{2\,R_s\,(k \cdot h_v + q \cdot n_{Kr})}}\ \text{Amp/mm}^2 . \qquad (53)$$

Zur Bestimmung der wirtschaftlichen Spannung bildet man:

$$\frac{d\,\Re}{d\,U} = 0 = 2p \cdot L \cdot a \cdot U + 4p \cdot W \cdot c \cdot U - q \cdot n_{Kr} \cdot \frac{W^2}{U^3} \cdot R_s \cdot \frac{L}{Q}$$
$$- k \cdot \frac{W^2}{U^3} \cdot R_s \cdot \frac{L}{Q} \cdot h_v \qquad (54)$$

$$U^4 = W^2 \cdot R_s \cdot \frac{L}{Q}\,(k \cdot h_v + q \cdot n_{Kr})\frac{1}{2p \cdot (a\,L + 2c\,W)} \qquad (55)$$

mit Q_{wirtsch} erhält man:

$$U = \sqrt[3]{W} \cdot \sqrt[6]{\frac{R_s}{2p} \cdot (k \cdot h_v + q \cdot n_{Kr}) \cdot \frac{b}{\left(a + 2\,c\,\dfrac{W}{L}\right)^2}} . \qquad (56)$$

In nebenstehender Tabelle 8 sind die Ergebnisse der vorstehenden Berechnungen nochmals zusammengestellt.

Man sieht aus der vorstehenden Zusammenstellung, daß in den Fällen I bis III der Querschnitt gleich groß ausfällt. Er ist proportional dem Strom mal einem Wurzelwert aus dem Verhältnis des Kilowattstundenpreises zur Verzinsung, dem spezifischen Widerstand, der Verlustdauer und dem umgekehrten Wert des Kupferpreises (einschließlich Zuschläge für Masteisen u. dgl.). Im Fall IV vergrößert sich $k \cdot h_v/p$ um einen Zuschlag für die Kraftwerkskosten und ihre Verzinsung.

Zu bemerken sei noch über die Verluste der Stationen, daß dieselben absichtlich nicht nach Verlusten durch Serien- oder Nebenschlußwiderstände getrennt, sondern zusammengefaßt sind, in der Annahme, daß die eingeschalteten Maschinen gerade der jeweiligen Belastung entsprechen und somit für jeden Belastungsgrad die gleichen verhältnismäßigen Verluste, also konstante Werte, eingesetzt werden können.

Die wirtschaftliche Spannung für Fall I und II ist proportional der dritten Wurzel aus der Übertragungsleistung und der sechsten Wurzel aus dem Verhältnis der Kilowattstundenzahl zum Zinsfuß, dem spezifischen Widerstand, der Verlustdauer und dem Quotienten b/a^2, der Zähler entspricht dem Kupferpreis, der Nenner dem Quadrat des Faktors der Isolationskosten.

Bei Fall III hat man dieselbe Formel, nur daß zu dem Wert a der Summand $2\,\dfrac{cW}{L}$ hinzukommt, d. h. das Verhältnis der Isolationskosten der Stationen zur Leitungslänge.

Bei obigen Ausführungen ist zu beachten, daß wir die installierte Leistung gleich der Spitzenleistung gesetzt haben. Wenn hierfür die Reserve der Anlage berücksichtigt werden soll, ist es ein leichtes, durch einen Zuschlag für W, wo dieses für die Anlagekosten angegeben wird, diesem Wunsche nachzukommen. Das Ergebnis wird aber nur in bezug auf die Vergrößerung der Anlage, nicht für die Verluste ein anderes. Wenn man den Wert n_{Kr} entsprechend vergrößert annimmt, ist das Resultat auch in dieser Beziehung richtig. Wir haben angenommen, daß nur eine einfache Leitung errichtet wird. Wird dagegen eine Doppelleitung vorgezogen, so sind in den Kosten für

Tabelle 8. Zusammenstellung der Ergebnisse der Bestimmung der wirtschaftlichen Werte von Querschnitt und Spannung.

	$Q_{\text{wirtsch.}}$ mm²	$U_{\text{wirtsch.}}$ kV
Fall I und II Leitung allein	$\dfrac{W}{2U} \cdot \sqrt{2 \cdot \dfrac{k}{p} \cdot R_s \cdot h_v \cdot \dfrac{1}{b}}$	$\sqrt[3]{W} \cdot \sqrt[6]{\dfrac{1}{2}\dfrac{k}{p} \cdot R_s \cdot h_v \cdot \dfrac{b}{a^2}}$
Fall III Leitung und Endstationen	$\dfrac{W}{2U} \cdot \sqrt{2 \cdot \dfrac{k}{p} R_s \cdot h_v \dfrac{1}{b}}$	$\sqrt[3]{W} \cdot \sqrt[6]{\dfrac{1}{2}\dfrac{k}{p} \cdot R_s \cdot h_v \cdot \dfrac{b}{\left(a + 2\,\dfrac{cW}{L}\right)^2}}$
Fall IV Leitung, Endstationen und Vergrößerung des Kraftwerkes	$\dfrac{W}{2U} \cdot \sqrt{\dfrac{2R_s}{p} \cdot \left(k h_v + q\,U_{Kr}\right)\dfrac{1}{b}}$	$\sqrt[3]{W} \cdot \sqrt{\dfrac{R_s}{2p} \cdot \left(k \cdot h_v + q \cdot U_{Kr}\right) \cdot \dfrac{b}{\left(a + 2c\,\dfrac{W}{L}\right)^2}}$

die Leitung der erste und der zweite Summand $n_L + a\,U^2$ zu verdoppeln. Der Querschnitt bleibt, er bedeutet die Summe der beiden Querschnitte. Es ist also dann:

$$P_2 = L\,(2\,n_{ST} + 2\,a\,U^2 + b\,Q). \tag{57}$$

In der obigen Zusammenstellung hat man demnach nur überall, wo a steht, statt dessen $2\,a$ zu setzen.

Piloty bringt in seinem Aufsatz über Wirtschaftlichkeit der Drehstrom- und Gleichstromübertragung[1] Belastung und Wirkungsgrad in Beziehung, indem er als Maß die Kurzschlußleistung benutzt. Diese ist, wenn U_a die Spannung am Anfang der Strecke ist und $R = R_s\dfrac{L}{Q}$ den Widerstand der einfachen Leitung bedeutet:

$$W_K = 2\,\frac{U_a^{\,2}}{R}. \tag{58}$$

Der Wirkungsgrad ist:

$$\eta = \frac{W}{W + 2\left(\dfrac{W}{2\,U}\right)^2 R} = \frac{1}{1 + \dfrac{R}{2}\dfrac{W}{(\eta\,U_a)^2}} \tag{59}$$

und daraus wird:

$$W = (1 - \eta)\,\eta\,\frac{2\,U_a^{\,2}}{R} = (1 - \eta)\,\eta \cdot W_K. \tag{60}$$

Er vergleicht diese Leistung mit der einer Drehstromleitung, sie ist:

$$W = (1 - \eta)\,W_K. \tag{61}$$

Man erhält diesen Wert aus der Kurzschlußleistung.

$$W_K = \frac{E \cdot i}{2} \cdot \cos\gamma \tag{62}$$

worin γ der Impedanzwinkel ist. Man setzt:

$$z = \frac{R}{\cos\gamma} \tag{63}$$

und erhält:

$$W_K = \frac{E^2 \cos^2\gamma}{R}. \tag{64}$$

Der Strom ist $i = \dfrac{N_a}{U_a\cos\gamma}$ und man erhält endlich:

$$\frac{W_a}{W_K} = 1 - \eta \tag{65}$$

Diese interessante Beziehung sei hier aufgeführt. Sie zeigt, daß der Wirkungsgrad bei Gleichstrom in bezug auf die Kurzschlußleistungen stärker sinkt als bei Drehstrom. Da man aber die Kurzschlußleistungen, wie sie oben angegeben sind, für Gleich-

---

[1] Rüdenberg: Elektrische Hochleistungsübertragung auf weite Entfernung. 1932.

und Wechselstrom anders zu berechnen hat, ist damit keine Vergleichsbasis zwischen beiden Stromarten gefunden.

Man hat beim Drehstrom gewisse sich besonders hervorhebende Leistungswerte, wie die natürliche Leistung und die Kurzschlußleistung. Man bildet mit diesen Werten und den jeweiligen Belastungen Prozentualwerte, auch numerische Werte genannt, d. h. also absolute Zahlen, die keine Dimensionen mehr haben und uns damit Kennziffern geben, aus denen man sofort ersieht, ob die Leitung stark ausgenutzt ist u. dgl. Beim Gleichstrom liegen die Verhältnisse einfacher. Man könnte als Vergleichsbasis die Kurzschlußleistung nach Pilotys Vorschlag heranziehen. Richtiger dürfte es sein, als technische Basis die Isolations- und Wärmebeanspruchung zu wählen, wenn man Vergleiche zwischen Dreh- und Gleichstrom macht, oder als wirtschaftliche Basis, wenn man sich nur mit dem Gleichstrom befaßt, die wirtschaftlichen Werte von Querschnitt und Spannung. Mit beiden Werten findet man die wirtschaftliche Übertragungsleistung für eine gegebene Leitung, die wiederum je nach der Streckenlänge etwas variiert.

e) Festlegung der Konstanten für die Anlagekosten und für die Betriebsunkosten.

Wir möchten zu diesem Punkte von vornherein sagen, daß die Bestimmung der Preiskonstanten sehr schwierig ist, und zwar vor allem aus folgenden drei Gründen:

1. Größere Gleichstrom-Höchstspannungsanlagen sind mit einer Ausnahme nicht gebaut worden. Man muß daher mit einer Schätzung auf Grund von Drehstromleitungen vorgehen.

2. Die Preise für Kupfer und alle sonstigen Materialien haben in den letzten Zeiten außerordentlichen Schwankungen unterlegen, so daß man niemals weiß, ob in einem halben Jahr später die Preislage eine andere geworden ist und ob auch die Preisverhältnisse der Materialien und sonstigen Kosten gegeneinander gleich geblieben sind.

3. Die Mittel zur Erzeugung des Gleichstromes sind so verschieden, daß auch hier heute schwer zu übersehen ist, welche Methode die technisch, betrieblich und wirtschaftlich beste ist; und daher sind auch genauere Kosten vorläufig schwer erhältlich und ihre Vergleichsbasis schwer zu erkennen.

f) Konstanten für die Preisformeln.

Für die Preisformeln seien folgende Annahmen über die Konstanten gemacht:

1. Freileitungen.

$$P = n_L + a\,U^2 + b\,Q \;\text{M./km}$$
$$n_L = 5000$$
$$a = 0{,}2 \;\text{m}$$
$$b = 60 \;\text{für einen Kupferpreis} = 2 \;\text{M./kg}$$
$$b = 30 \quad ,, \qquad ,, \qquad\qquad ,, \qquad = 1 \quad ,,$$

Q ist bei Leitungen mit zwei oder mehr Systemen gleich der Querschnittssumme eines Poles.

$$m = 0{,}5 \;\text{für Zweileiterringleitung}$$
$$m = 1 \quad ,, \;\text{Einfachleitung}$$
$$m = 2 \quad ,, \;\text{Doppelleitung usw.}$$

2. Kabel.

$$P = n_K + a_K \cdot U^2 + bQ$$
$$n_K = 6000 \;\text{für 2 Kabel in einem Graben}$$
$$n_K = 7000 \quad ,, \;4 \quad ,, \quad ,, \quad ,, \quad ,,$$
$$n_K = 8000 \quad ,, \;6 \quad ,, \quad ,, \quad ,, \quad ,,$$
$$a_K = 16 \cdot m, \;\text{Bedeutung von } m \text{ wie vorher.}$$

Der Wert von b hängt bei Kabeln nicht nur von dem Kupferpreis, sondern auch von der Isolation ab. Setzt man beispielsweise für b den Wert von 60 ein bei 2 M. je Kilogramm Kupfer und ändert sich der Kupferpreis um 10%, so ändert sich der Faktor b um 1%. Es liegt dies wie gesagt an dem großen Anteil an den Kabelkosten durch die Isolation.

3. Stationen einschließlich Transformatoren und Umformer zur Umwandlung in Drehstrom:

$$P_{ST} = W \cdot (n_{ST} + cU^2)$$
$$n_{ST} = 30$$
$$c = \frac{1}{1000}.$$

4. Kraftwerke:

Dampfkraftwerk . . . . $n_{Kr} = 250$ M./kW

Wasserkraftwerk . . . . $n_{Kr} = 750$,,

Variable Stromkosten (Kohlenverbrauch) $k_B = 1$—$1{,}5$ Pf./kWh

Bei Wasserkraftwerken ist demnach $k_B = 0$.

Zinsfüße.

Verzinsung, Amortisation, Unterhaltung und Bedienung
$$\text{des Dampfkraftwerkes} \quad . \;. \quad q = 15\%$$
$$\text{des Wasserkraftwerkes} \quad . \;. \quad q = 10\%$$
$$\text{der Leitung} \;. \;. \;. \;. \;. \;. \;. \quad p = 10\%$$

Preise für Transformatoren . . . . 15 M./kVA
„ „ Gleichrichter und Umrichter . . . . . 25 „
„ „ Kondensatoren . . . . 25 „

Tabelle 9. Zusammenstellung der wirtschaftlichen
Strombelastungen y in Amp./mm².

Verlustdauer	Strompreis		Fall I—III Kupferpreis		Fall IV für Wasserkraftwerk Kupferpreis	
	Pf./kWh		1 M./kg	2 M./kg	1 M./kg	2 M./kg
1000	1	$y =$	2,74	3,87	0,94	1,33
	2	$y =$	1,94	2,74	0,89	1,26
	3	$y =$	1,58	2,24	0,85	1,20
2000	1	$y =$	1,94	2,74	0,89	1,26
	2	$y =$	1,37	1,94	0,81	1,14
	3	$y =$	1,12	1,58	0,73	1,03
3000	1	$y =$	1,58	2,24	0,85	1,20
	2	$y =$	1,12	1,58	0,74	1,05
	3	$y =$	0,91	1,29	0,67	0,95
4000	1	$y =$	1,37	1,94	0,81	1,14
	2	$y =$	0,97	1,37	0,70	0,99
	3	$y =$	0,79	1,12	0,62	0,88
6000	1	$y =$	1,12	1,58	0,74	1,05
	2	$y =$	0,79	1,12	0,62	0,88
	3	$y =$	0,64	0,91	0,58	0,82

Siehe auch Abb. 14 u. 15.

Tabelle 10. Zusammenstellung der Faktoren M zur Bestimmung
der wirtschaftlichen Spannungen in kV.

$$U = \sqrt[3]{N} \cdot M$$

A. Fall I und II.

Verlustdauer Stunden	Strompreis Pf./kWh	Kupferpreis	
		1 M./kg	2 M./kg
1000	1	3,01	3,38
	2	3,39	3,80
	3	3,62	4,06
2000	1	3,39	3,80
	2	3,80	4,26
	3	4,06	4,56
3000	1	3,62	4,06
	2	4,06	4,56
	3	4,35	4,88
4000	1	3,80	4,26
	2	4,26	4,79
	3	4,55	5,12
6000	1	4,06	4,56
	2	4,55	5,12
	3	4,87	5,48

Beispielsweise bei 300000 kW, einer Verlustdauer von 3000 Stunden, Strompreis 1 Pf./kWh und Kupferpreis 1 M./kg ist die wirtschaftliche Spannung:

$$2 \cdot U = 2 \cdot \sqrt[3]{300000} \cdot 3{,}62 = 2 \cdot 243 \text{ kV} \sim 2 \cdot 240 \text{ kV}.$$

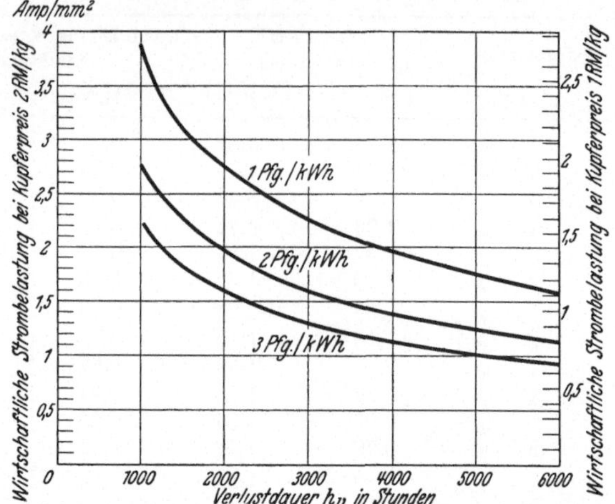

Abb. 14. Wirtschaftliche Strombelastung in Abhängigkeit von Strompreis und Verlustdauer für Fall I—III.

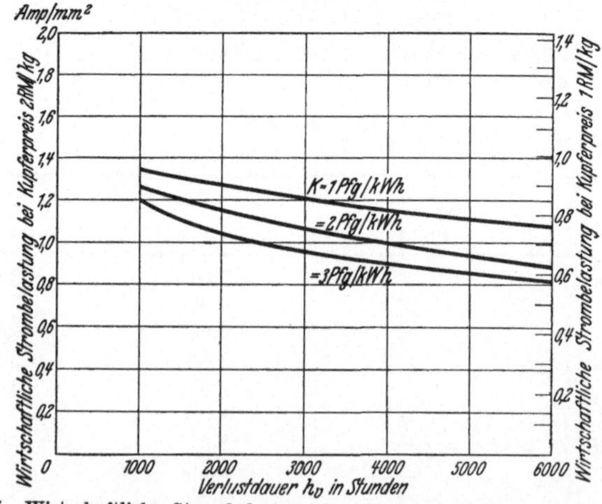

Abb. 15. Wirtschaftliche Strombelastung in Abhängigkeit von Strompreis und Verlustdauer für Fall IV (für Wasserkraftwerke).

Die wirtschaftliche Strombelastung war nach Tabelle 9 1,58 Amp./mm² und damit ist der Querschnitt für die Leitung:

$$Q = \frac{300000}{2 \cdot 240 \cdot 15{,}8} \approx 400 \text{ mm}^2.$$

Aus dieser Zusammenstellung ersieht man ohne weiteres, daß die Strombelastung um so geringer sein muß, je größer die Verlustdauer wird. Bei Verlustdauern unter 1000 Stunden, also bei schlecht ausgenützten Anlagen, wächst die wirtschaftliche Strombelastung rapide an. Es kommt eben bei geringer Verlustdauer nicht darauf an, die Verluste niedrig zu halten, sondern mehr die Anlagekosten zu verringern.

2. Seriensysteme.

Wie wir bereits im Abschnitt 6, S. 26, angegeben haben, sind bei der Serienschaltung mit Konstantstrombetrieb die Verluste bei allen Belastungen konstant. Man hat demnach in allen Formeln die Verlustdauer $h_v = H$, also gleich der Benutzungsdauer der Anlage, meist $= 8760$ Stunden, zu setzen.

Es wird sich im allgemeinen eine wesentliche Vergrößerung des Querschnittes als wirtschaftlich notwendig zeigen gegenüber dem für Parallelsystem erforderlichen. Beispielsweise bei einer Verlustdauer des Parallelsystems von 3000 Stunden muß der Querschnitt beim Seriensystem für den Fall I der vorhergegangenen Untersuchungen $\sqrt{\dfrac{8760}{3000}} = 1{,}71$ mal größer gewählt werden.

Wie wir bereits an anderer Stelle gezeigt haben, ist dieser Vergleich nur für Gleichstrombetrieb richtig. Bei Drehstrom kommen zusätzliche Einrichtungen längs der Leitung zur Kompensierung der Ladeleistung der Leitung hinzu, die konstante Verluste bedeuten.

Ein approximativer Vergleich für ein bestimmtes Beispiel: 400 kV Drehstrom, $Q = 3 \cdot 400$ mm², $L = 1000$ km, verglichen mit $2 \cdot 240$ kV Gleichstrom, $Q = 2 \cdot 600$ mm², $L = 1000$ km, ergab unter Berücksichtigung der Kompensierungseinrichtungen für Drehstrom folgende Wirkungsgrade:

	$\frac{1}{1}$	$\frac{3}{4}$	$\frac{1}{2}$	$\frac{1}{4}$	$\frac{1}{10}$ Last
Gleichstrom, Parallelschaltung .	85	89	92	96	98 %
Drehstrom, Parallelschaltung .	84	87	88	88	80 %
Gleichstrom, Serienschaltung .	85	81	74	59	36 %

Aus dieser Aufstellung, die naturgemäß nur für das gewählte Beispiel, Wirkungsgrade der Phasenschieber u. dgl. gilt, geht ohne weiteres hervor, daß dem Gleichstromparallelsystem bestimmt der Vorzug zu geben ist. Es sind daher alle Bemühungen dahin zu richten, die erforderlichen Gleichstromapparate zur Schaltung und Transformierung zu entwickeln, um dieses System anwenden zu können.

3. Beispiel.

Das folgende Beispiel dient dazu, zu zeigen, wie die jährlichen Kosten einer Kraftübertragung vom Querschnitt abhängen.

Es seien zu übertragen: 1000000 kW über eine Entfernung von 2000 km bei 7000 Stunden Verlustdauer. Es handele sich um eine Wasserkraftanlage, der Zinsfuß für Amortisation, Verzinsung und Unterhalt des Kraftwerkes, der Stationen und der Leitung sei 10%. Der Kupferpreis sei 1 M./kg, also $b = 30$. Der Strompreis sei 1 Pf./kWh. Es soll eine Doppelleitung errichtet werden.

Es ist dann die wirtschaftliche Stromdichte:

$$y_{\text{wirtsch}} = \sqrt{\frac{10 \cdot 30 \cdot 1000}{2 \cdot 20 \, (1 \cdot 7000 + 10 \cdot 750)}} = 0,72 \, \text{Amp/mm}^2$$

und die wirtschaftliche Spannung:

$$U_{\text{wirtsch}} = \sqrt[3]{1000000} \; \sqrt[6]{\frac{20 \, (1 \cdot 7000 + 10 \cdot 750)}{2 \cdot 10 \cdot 1000} \cdot \frac{30}{\left(0,2 \cdot 2 + \dfrac{2}{1000} \dfrac{1000000}{2000}\right)^2}}$$

$$= 246 \sim 240 \, \text{kV} \, .$$

Der wirtschaftliche Querschnitt ist dann mit dem Strom:

$$i = \frac{1000000}{2 \cdot 240} = 2090 \, \text{Amp}.$$

$$Q_{\text{wirtsch}} = \frac{2090}{0,72} = 2900 = 2 \cdot 1450 \, \text{mm}^2 \, .$$

In der folgenden Tabelle 11 haben wir nun die Ergebnisse einer Berechnung der einzelnen Werte der Anlagekosten und jährlichen Kosten zusammengestellt in Abhängigkeit vom Querschnitt.

Tabelle 11.

	Querschnitt Q in mm²				
	500	1500	2900	4000	6000
Anlagekapital für	Mill. M.	Mill. M.	Mill. M.	Mill. M.	Mill. M.
Leitung	86	146	230	296	416
Stationen	176	176	176	176	176
Vergrößerung der Primärstation durch Verluste	62	20,4	10,5	7,7	5
Vergrößerung des Kraftwerkes durch die Verluste	525	174	90	65,3	43
Summa:	849	516,4	506,5	545	640
Jährliche Kosten für					
Zinsen	84,9	51,6	50,7	54,5	64
Stromwärmeverluste	49	16,2	8,4	6,1	4,1
feste Verluste in den Stationen 1 %	2,4	2,0	1,9	1,8	1,8
Summa:	136,3	69,8	61,0	62,4	69,9

Die Zahlenwerte des aufzuwendenden Kapitals und die jährlichen Kosten in Abhängigkeit vom Querschnitt sind in nebenstehendem Kurvenblatt Abb. 16 dargestellt. Man ersieht daraus, daß die Kapitalkosten ebenfalls ein Minimum aufweisen, und zwar in der Nähe des wirtschaftlichen Querschnittes von 2900 mm². Man ersieht ferner aus der Darstellung, daß die Kurve der Jahresausgaben sehr flach verläuft. Es würde sehr wenig mehr an Jahreskosten verursachen, wenn man den Querschnitt auf etwa 2400 mm² senkt. Wenn man diese Verringerung des Querschnittes vornimmt, hätte man den Vorteil eines geringeren Kapitalaufwandes, ohne dabei die jährlichen Kosten wesentlich zu vergrößern.

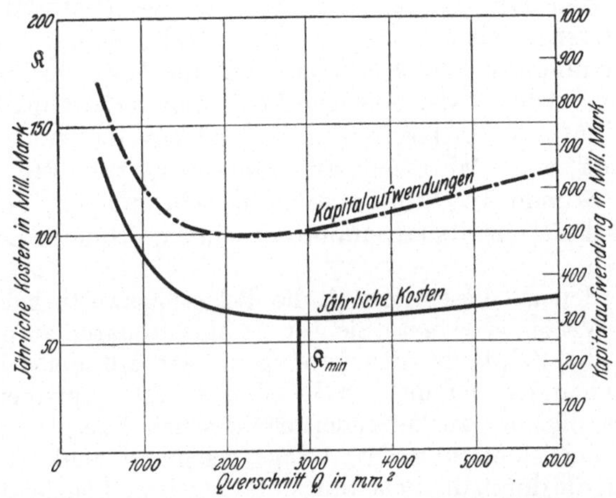

Abb. 16. Kapitalaufwendung und jährliche Kosten in Abhängigkeit vom Querschnitt.

Die Darstellung kann natürlich, wie schon mehrfach erwähnt, nur ein ungefähres Bild geben. In konkreten Fällen muß man mit besonders für den Zweck eingeforderten Angeboten den günstigsten Querschnitt bestimmen.

Wir haben der Einfachheit halber mit einem konstanten spezifischen Widerstand des Kupfers gerechnet, was für die extremen Fälle nicht ganz zutreffend ist.

Außerdem wäre der Querschnitt von 500 mm² vollständig unzulässig wegen übermäßiger Erwärmung unter starker Erhöhung des spezifischen Widerstandes. Die Kurve würde infolge Widerstandszunahme bei fallendem Querschnitt steiler ansteigen und ebenso bei wachsendem Querschnitt um ein geringes fallen.

Bei einer Serienanlage würde der Verlauf der Kurven sehr ähnlich sein, jedoch muß man, wie bereits gezeigt, mit der Verlustdauer $h_v = H$, der Benutzungsdauer der Anlage (meist 8760 Stunden) rechnen. Für unser Beispiel mit der sehr hohen Verlustdauer wäre der Unterschied nur gering.

4. Benutzungsdauer der Spitze (Belastungsdauer) und Verlustdauer.

Für die wirtschaftlichen Untersuchungen von Kraftübertragungen hat man zunächst festzustellen, mit welchen zeitlichen Änderungen die zu übertragenden Energien im Laufe des Jahres zu liefern sind. Es genügt nicht, den Wert der höchsten zu übertragenden Leistung zu kennen. Für die Bestimmung der Spannungsverhältnisse muß man die maximale und die minimale Übertragungsleistung kennen. Für die Wirtschaftlichkeitsberechnung aber ist der zeitliche Belastungsverlauf maßgebend. Während für die Disposition des Betriebes die tatsächlichen Änderungen von Jahreszeit zu Jahreszeit, von Tag zu Tag und von Stunde zu Stunde bekannt sein müssen, genügt es für Wirtschaftlichkeitsbestimmungen eine geordnete Lastkurve zu besitzen.

Es werden zu diesem Zweck die Belastungswerte nach stetig fallenden Werten geordnet. Sie werden als Ordinaten aufgetragen, während die Zeitdauer der jeweiligen Last auf der Abszissenachse aneinander gereiht wird[1]. Man erhält damit ein übersichtliches Bild der zu liefernden elektrischen Energie und kann für die Dimensionierung der Anlage geeignete Schlüsse ziehen. Wenn man die durch die Belastungslinie gegebene Fläche integriert, erhält man die elektrische Jahresarbeit A in kWh. Wenn man diese Zahl durch die maximale Last $W_{\max}$ dividiert, erhält man

damit die bekannte Größe $h = \dfrac{\int\limits_{0}^{8760} W_t \cdot dt}{W_{\max}}$. Sie wird mit Benutzungsdauer der Spitzenleistung[2] bezeichnet (häufig auch kürzer Belastungsdauer genannt). Man kann nunmehr aus dieser Kurve die sog. Verlustdauer berechnen. Wie wir bereits gesehen haben, sind die Verluste in der Hauptsache Stromwärmeverluste. Sie sind proportional dem Quadrat des die Leitung durchfließenden Stromes und damit auch bei Voraussetzung konstanter Spannung für das Parallelschaltungssystem dem Quadrat der Leistung.

---

[1] Siehe Drehstromkraftübertragungen, 2. Aufl., S. 78ff. 1932.
[2] Windel: Elektrotechn. Z. 1930 S. 7.

Die im Verlauf eines Jahres auftretenden Verluste können summiert werden und ergeben die Verlustarbeit:

$$A_v = \int\limits_0^{8760} i^2 \cdot R \cdot dt = \int\limits_0^{8760} \frac{W^2}{U^2} \cdot R \cdot dt \ \text{kWh}\,. \tag{66}$$

Der maximale Verlust ist:

$$V_{\max} = \frac{W^2_{\max}}{U^2}\,R\,. \tag{67}$$

Wir definieren nunmehr die Verlustdauer h_v als die Stundenzahl, die die maximalen Verluste dauern müßten, um die gleichen Jahresarbeitsverluste zu ergeben, wie sie tatsächlich auftreten. Das heißt, da U und R konstant sind, ist:

$$h_v = \frac{\int\limits_0^{8760} W^2\,dt}{W^2_{\max}}\ \text{Stunden}\,. \tag{68}$$

Wir müssen nunmehr zwischen Parallel- und Serienschaltungen unterscheiden. Bei der Serienschaltung haben wir stets konstanten Strom, die Verluste bleiben das ganze Jahr konstant, wenn auch die Belastung variiert. Es ist demnach stets:

$$h_v = H\,,$$

d. h. gleich der Benutzungsdauer der Anlage, eine Zahl, die in den meisten Fällen gleich der Jahresstundenzahl, also = 8760 Stunden sein wird.

Bei der Parallelschaltung haben wir jedoch, da der Belastungsstrom variiert, variable Verlustdauern. Es sind in der Literatur zahlreiche Angaben über die Jahresbelastungskurven, in einigen Fällen auch der Verlustkurven, gegeben.

Der Verfasser hat in seiner Berechnung von Drehstromkraftübertragungsanlagen[1] für einige Fälle Nr. 1—3 die Werte von h, h_v und h_v/h gegeben.

Tabelle 12.

Belastungsart	h Stunden	h_v Stunden	h_v/h %
1. 50 % der Zeit Vollast und 50 % der Zeit Halblast	6570	5473	83,3
2. Geradliniger Lastabfall von 100—0 % . .	4380	2920	66,7
3. Sinusförmiger Abfall $W = K \cdot \sin t/8760 \cdot \dfrac{\pi}{2}$	3180	2020	63,5

---

[1] 2. Aufl., S. 78ff. 1932.

Das Bemühen, eine geeignete Formel zu finden, um sie dazu benutzen zu können, um weitere Berechnungen und Untersuchungen anzustellen, dürften keinen großen Erfolg haben. Es liegt dies an den so verschiedenartigen Anwendungsgebieten des elektrischen Stromes, die summiert je nach dem Überwiegen des einen oder anderen Stromverbrauches verschiedene Belastungskurven ergeben. Geographische Lage, Klima, Grad der Industrialisierung, Siedelungsdichte, Prosperität des betreffenden Landes, Strompreise usw. spielen jeder für sich bedeutende Einflüsse auf die Gestaltung der Belastungskurve.

Um nun einen Versuch zu machen, sei von der Voraussetzung ausgegangen, daß die Stromentnahme sowohl im Laufe des Jahres auf- und abwallt in sinusförmiger Art, ebenso auch im Laufe des Tages. Dies sind die variablen Verbraucher, hierzu kommt eine gewisse jährlich konstant zu liefernde Arbeit. Wir haben vier Fälle in nebenstehendem Kurvenblatt Abb. 17 dargestellt, und zwar ist angenommen, daß die variable Last nicht, wie oben im Falle Nr. 3 angegeben, sondern nach der Gleichung

$$t = K \cdot \sin \frac{W}{W_{max}} \cdot \frac{\pi}{2}$$

variiert. Als Grundlast kommt hierzu $0\,\%$, $25\,\%$, $50\,\%$ und $75\,\%$ der genannten Last.

Wir erhalten somit folgende Fälle:

Tabelle 13.

4. Sinusförmiger Abfall:

$t = K \cdot \sin \dfrac{W}{W_{max}} \cdot \dfrac{\pi}{2}$	h Stunden	h_v Stunden	h_v/h %
a) + Grundlast = 0 %	3180	1590	50
b) + Grundlast = 25 %	4580	2680	58,5
c) + Grundlast = 50 %	5970	4170	69,8
d) + Grundlast = 75 %	7370	6240	85

Zum Vergleich sei noch eine Belastungskurve von New York gegeben [1]:

New York	3530	1670	47,2

Sämtliche Werte für h und h_v sind auf den Kurvenblättern Abb. 17 und 18 dargestellt.

Man ersieht aus den Kurven, daß die Linien für New York sich ganz gut einpassen für eine Grundbelastung von etwa $15\,\%$. Nur der Leistungsabfall ist in den ersten $20\,\%$ der Zeit bedeutend stärker. Es liegt dies wohl daran, daß die Reklamebeleuchtung übermäßig stark entwickelt ist. Eventuell dürfte auch eine zeit-

---

[1] Elektrotechn. Z. 1928 S. 1685; J. W. Lieb. Electr. Wld. Bd. 90 S. 1187.

lich sehr genaues Zusammentreffen großer Belastungen und Belastungsabschaltungen an der Form der Kurve schuld haben.

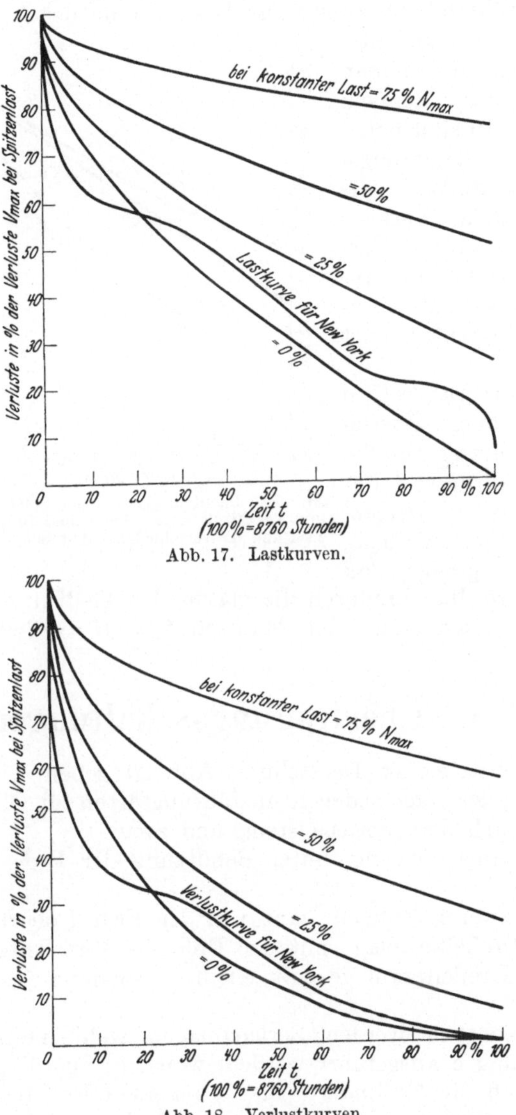

Abb. 17. Lastkurven.

Abb. 18. Verlustkurven.

Man ersieht aus dem Verlauf der Kurven, daß man sehr wohl darauf achten muß, ob man mit der Benutzungsdauer oder mit der Verlustdauer zu tun hat, die erstere ist maßgebend für die zu leistende Gesamtarbeit, ebenso auch maßgebend für die Einnahmen, während die zweite zur Bestimmung der Verlustarbeit gebraucht wird. In mittleren Fällen dürfte man $h_v/h = \frac{2}{3}$ setzen können.

In Abb. 19 sind nochmals die Benutzungsdauern der Spitze h, die entsprechenden Verlustdauern h_v und die Verhältnisse beider in Abhängigkeit von dem Anteil der konstanten Last gegeben.

Bei Serienanlagen kann man obige Überlegungen in bezug auf die Belastungskurve und Belastungsdauer verwerten. Bezüglich der Verluste war bereits gesagt, daß

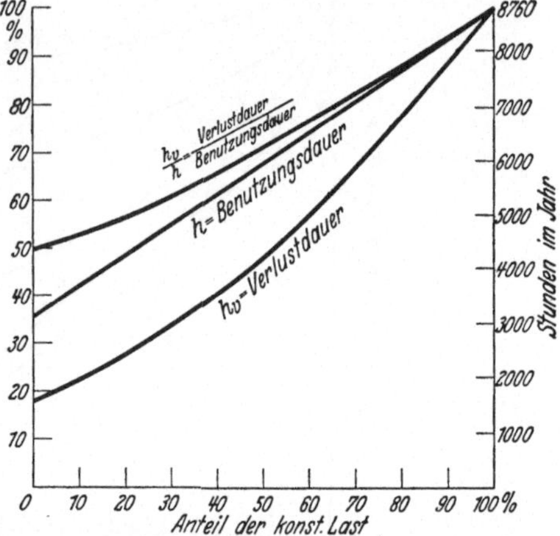

Abb. 19. Benutzungsdauer der Spitze, Verlustdauer und Verhältnis beider bei sinusförmigem Abfall der Last und bei verschiedenen Anteilen konstanter Last.

sie das ganze Jahr hindurch die maximalen bleiben, die Verlustdauer bei Serienanlagen ist demnach $h_v = H = 8760$ Stunden.

XIV. Übertragungsschaltungen.

In nebenstehender Darstellung Abb. 20 geben wir Prinzipschaltungen der verschiedenen Ausführungsarten für Gleichstromleitungen nach dem Seriensystem, und zwar:

a) mit einer Leitung, unter Benutzung der Erde als Rückleitung;

b) mit zwei Leitungen, ganz von der Erde isoliert;

c) als Dreileiteranlage mit der Erde als Mittelleiter;

d) als Dreileiteranlage mit einem besonderen metallischen Mittelleiter.

Voraussichtlich werden Serienanlagen wohl meistens nach der Schaltung c ausgeführt werden, wobei es allerdings fraglich erscheint, ob die Nullpunkte an den beiden Enden der Übertragung dauernd an Erde liegen werden. Man wird wohl doch, ob man will oder nicht, im normalen Betrieb die Anlage isoliert betreiben.

Die Schaltung b nach dem Zweileitersystem kann auch als Ringleitung ausgeführt werden. Hierbei geht die Hinleitung einen ganz anderen Weg als die Rückleitung. Diese Ausführung eignet sich besonders für die Stromversorgung eines ganzen Landes.

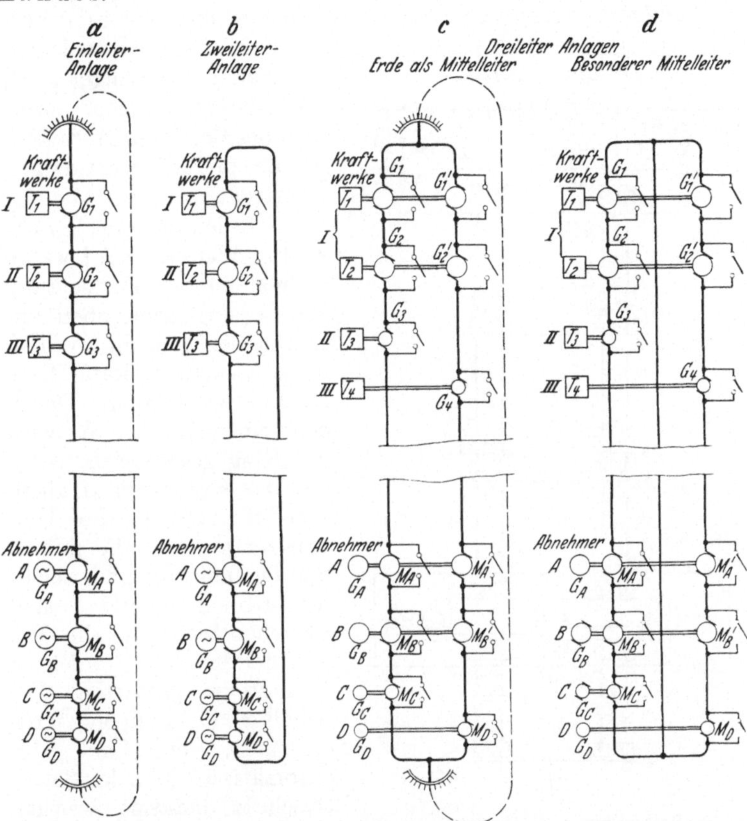

Abb. 20. Prinzipschaltungen für Gleichstromhochspannungs-Übertragungsanlagen nach dem Seriensystem. a) Einleiter-Anlage. b) Zweileiter-Anlage. c) Dreileiter-Anlagen. Erde als Mittelleiter. d) desgl. Metallischer Mittelleiter.

Sehr große Anlagen, bei denen es auch auf höchste Betriebssicherheit ankommt, wird man wohl meist mit Doppelleitungen ausrüsten, die mit geeigneten Selektivschutzeinrichtungen versehen sein müssen, damit fehlerhafte Teilstrecken sofort abgeschaltet werden können.

Es wird sich weiterhin empfehlen, mit Rücksicht auf Elektrolyse die Leitungen umschaltbar zu machen. Man ist dann in der Lage, in regelmäßigen Zeitabschnitten die Pole zu vertauschen und damit den Isolationszustand beider Leitungshälften auf gleicher Höhe zu halten.

Es wird auch nötig sein, die Leitung mit Zwischenstationen auszurüsten zwecks Umschaltungen. Diese Stationen wären auch mit Fehlerortsmeßeinrichtungen auszurüsten, die, wie es neuerdings mit dem Kathodenoszillographen gelungen ist, Fehlerbestimmungen während des Betriebes gestatten. Als Beispiel einer derartigen Übertragung diene Abb. 21.

A bedeutet ein Kraftwerk. Weitere Kraftwerke können in der Fortsetzung der Leitung nach oben angeschlossen gedacht werden. Jeder Generator kann kurz geschlossen werden. Durch den Kurzschließer *K* wird der Ring geschlossen, wenn nur das Kraftwerk *A* allein arbeitet. Durch die Umschalter *U* kann die Polarität der Leitung umgeschaltet werden. *a* und *b* sind Zwischenstationen, die das Abschalten von defekten Teilstrecken gestatten. Die Schalter *Ö* können ferngesteuert, von Hand oder automatisch durch den Selektivschutz betätigt werden.

B stellt eine Abnehmerstation dar. Die beiden Gleichstrommotoren treiben je einen Drehstromgenerator an. Auch hier befindet sich ein Kurzschließer *K'*, wenn die weiter nach unten folgenden Stationen aus irgendeinem Grunde außer Betrieb genommen werden sollen.

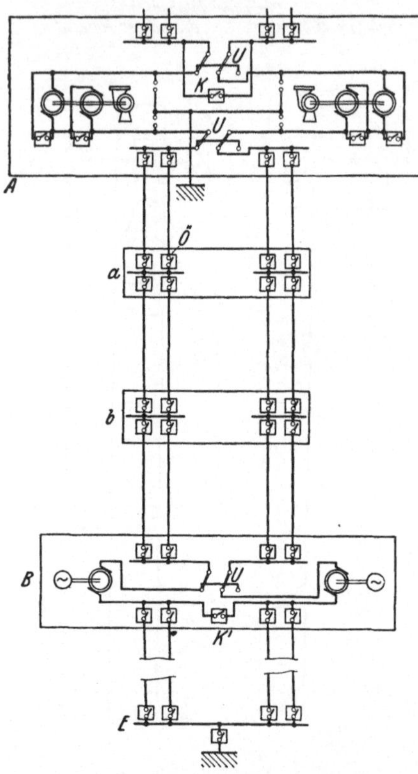

Abb. 21. Hochspannungs-Gleichstromübertragung nach dem Seriensystem mit Gleichstromgeneratoren und ausgerüstet mit Zwischenstationen.

In der Endstation *E* befinden sich die nicht weiter dargestellten Abnehmermaschinensätze, die Kuppelung von +- und —-Leitern und die Erdung.

Abb. 22 stellt eine Großkraft-Gleichstromübertragungsanlage dar, soweit sie sich auf die stromliefernde Seite bezieht.

In diesem Beispiel sind vier Kraftwerke angenommen, die zusammen 360 MW der Hauptsammelstation liefern. Für diese verhältnismäßig kurzen Leitungen ist angenommen, daß die Werke Drehstrom erzeugen und mit etwa 100 kV der Sammelstelle liefern. In dieser wird hochgespannter Gleichstrom mittels Gleichrichter erzeugt. Die Übertragungsspannung sei 200 kV, so daß

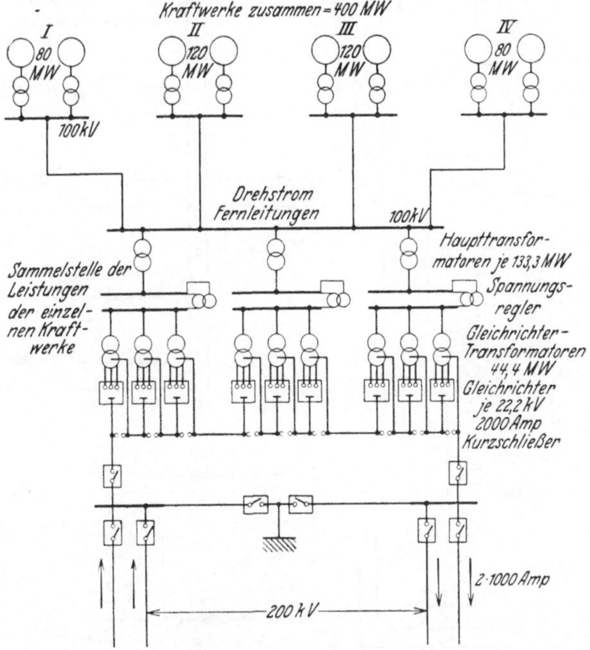

Abb. 22. Hochspannungs-Gleichstromübertragung nach dem Seriensystem mit Gleichrichtern.

sich für den Strom dieser Serienanlage 2000 Amp. ergeben. Die gesamte Leistung wird durch Transformatoren von je 133,3 MW Leistung drei Gruppen von Sammelschienen zugeführt. Jede Gruppe arbeitet auf eine Doppelsammelschiene, zwischen die Spannungsregler geschaltet sind. Hinter den Reglern befinden sich je drei Transformatoren von 44,4 MW Leistung, die jeder je einen Gleichrichter speisen. Jeder Gleichrichter gibt 2000 Amp. und 22200 Volt. Die neun vorhandenen Aggregate von Gleichrichtern werden hintereinander geschaltet, so daß man die gewünschte Spannung von 9 · 22,2 = 200 kV erhält.

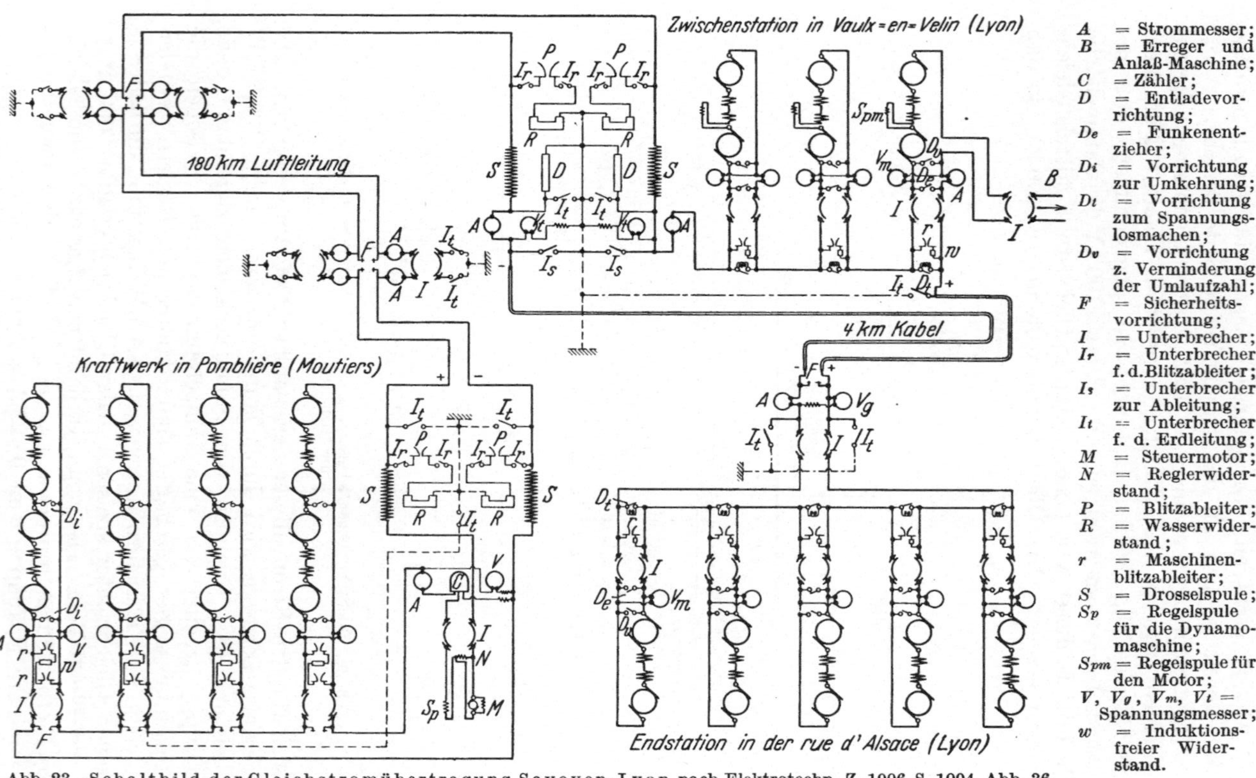

Abb. 23. Schaltbild der Gleichstromübertragung Savoyen-Lyon nach Elektrotechn. Z. 1906 S. 1094 Abb. 36.

Natürlich sind Reserveaggregate vorzusehen.

Zur Bestimmung der wirklichen Leistungen, Spannungen und Ströme muß man die hier vernachlässigten Verluste berücksichtigen.

Abb. 23 stellt die von Thury seiner Zeit für die Übertragung Moutiers—Lyon gebaute Anlage. Die Darstellung ist auch heute noch interessant, wenn man eine Serienanlage mit Gleichstrommaschinen bauen will[1].

XV. Beispiel einer Großkraftlandesversorgung.

Es sei folgender Kraftverteilungsplan zu berechnen. Die im Kraftwerk AB des nebenstehenden Übersichtsplanes Abb. 24 erzeugte Energie ist verschiedenen Hauptspeisepunkten a, b, c

Tabelle 14.

Speisepunkte	Abnahme Leistung MW	Abstände km
a	300	$A—a = 1000$
b	800	$a—b = 1600$
c	600	$B—d = 1000$
d	1200	$c—d = 800$
		$b—c = 1200$
Summe:	2900	$= 5600$

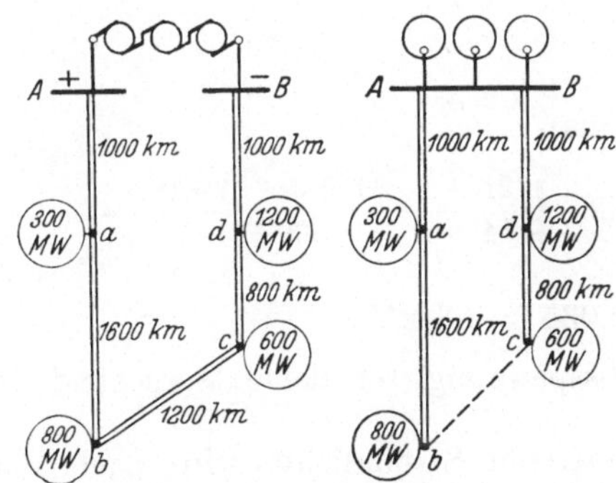

Abb. 24. Schaltung für das Beispiel einer Großkraftlandesversorgung.
Links: Serienschaltung; rechts: Parallelschaltung.

und d zuzuführen. Die in jedem Punkt entnommenen Leistungen und die gegenseitigen Abstände sind ebenfalls angegeben. Die Werte sind außerdem in der Tabelle 14 angegeben.

---

[1] Elektrotechn. Z. 1906 S. 1094.

1. Nach dem Seriensystem.

Wir wollen zunächst annehmen, daß die Anlage nach dem Gleichstromseriensystem auszuführen ist, und zwar als Zweileiterringanlage. Es werden zwei parallele Leiter verlegt, so daß also jeder Leitungsmast zwei Leitungsseile zu tragen hat.

a) Wirtschaftliche Spannung und Strombelastung.

Zunächst müssen wir die wirtschaftlich günstigste Spannung wählen und benutzen hierzu die Formel x:

$$U = \sqrt[3]{W} \; \sqrt[6]{\frac{R_s}{2p} (kh_v + qn_{Kr}) \frac{b}{\left(am + 2c \frac{W}{L}\right)^2}} \, .$$

Hierin ist:

$$L = \frac{5600}{2} = 2800 \text{ km,}$$

$$W = 2\,900\,000 \text{ kW,}$$

$$R_s = \frac{21{,}0}{1000} \text{ für } 60^0 \text{ C (heißeres Klima, aber geringe Strombelastung),}$$

$q = p = 7\,\%$. Es sei hierzu bemerkt, daß nur bei niedrigsten Zinssätzen die Anlage ausgeführt werden kann,

$h_v = 8760$ Stunden

$k = 0{,}5$ Pf./kWh

$a = 0{,}2, \ldots, \; m = 2, \ldots, \; n_{Kr} = 750$

$$c = \frac{1}{1000},$$

$b = 30.$

Somit hat man:

$$U = \sqrt[3]{2\,900\,000} \cdot \sqrt[6]{\frac{21}{14} \cdot \frac{0{,}5 \cdot 8760 + 7 \cdot 7500}{1000} \cdot \frac{30}{\left(0{,}4 + \frac{2}{1000} \frac{2\,900\,000}{2\,800}\right)^2}}$$

$$= 142{,}7 \cdot 2{,}035 = 290 \text{ kV} \, .$$

Die Betriebsspannung sei dementsprechend mit $2 \cdot 300$ kV angesetzt.

Die wirtschaftliche Stromdichte wird nach Formel 53 sein:

$$y_w = \sqrt{\frac{p \cdot b}{2 R_s (k \cdot h_v + q \cdot n_{Kr})}} \text{ Amp/mm}^2$$

$$= \sqrt{\frac{7 \cdot 30}{2 \cdot 21 \left(\frac{0{,}5 \cdot 8760 + 7 \cdot 750}{1000}\right)}} = 0{,}72 \text{ Amp/mm}^2 \, .$$

Somit ergibt sich für den Leitungsstrom:

$$i = \frac{2\,900\,000}{600} = 4833\ \text{Amp.} = 2 \cdot 2417{,}5\ \text{Amp.}$$

ein Kupferquerschnitt jedes Leiterseiles:

$$Q = \frac{2417{,}5}{0{,}72} = 3360\ \text{mm}^2.$$

Da es infolge des geringfügigen Unterschiedes der Jahreskosten also in bezug auf Wirtschaftlichkeit ohne weiteres zulässig
ist, den Querschnitt 10 % zu verringern, wählen wir für die Leitung
den Querschnitt $2 \cdot 3000$ mm^2. Dieser uns sehr hoch erscheinende
Querschnitt ergibt sich vor allem aus dem niedrig angenommenen
Kupferpreis und dem geringen Satz für Verzinsung, Unterhaltung
und Amortisation der Leitungsanlage und des Kraftwerkes.

b) Geringst zulässiger Seildurchmesser mit Rücksicht auf Koronaverlust.

Wir nehmen an, daß die Leitungsseile eine mittlere Höhe H
von 12 m über dem Erdboden haben. Die gegenseitige Beeinflussung der beiden Leiter (gleichen Potentials) ist gering, so daß
wir die Feldstärke jedes Leiters für sich bestimmen können.
Ebenso ist der gegenseitige Abstand der Hin- und Rückleitung
nicht zu berücksichtigen. Es genügt mit dem Abstand gegen
Erde zu rechnen.

Somit ergibt sich als kritische Spannung:

$$U_0 = m_0 \cdot m_1 \cdot \delta \cdot 29{,}9 \cdot \varrho \ln \frac{2\,H}{\varrho}\ \text{kV}.$$

Wir rechnen mit einem Wetterfaktor $m_1 = 0{,}83$, Rauhigkeits-
faktor von $m_0 = 0{,}9$, $\delta = 1{,}0$ und erhalten den erforderlichen
Mindest-Seilradius bei 300 kV zu

$$\varrho = 1{,}87\ \text{cm}.$$

Diesem Radius entspricht ein Vollseil von 820 mm^2, d. h. also
bedeutend weniger, als man mit Rücksicht auf Wirtschaftlichkeit
nehmen muß.

c) Zulässige Erwärmung.

Nunmehr wollen wir den wirtschaftlichen Querschnitt von
3000 mm^2 auf zulässige Erwärmung prüfen.

Die dem Seil sekundlich zugeführte Leistung beträgt bei 60° C
und 2417,5 Amp.:

$$V = 2417{,}5^2 \cdot \frac{21}{3000} = 40\,900\ \text{Watt}.$$

Das Seil hat bei einem Füllfaktor $f_{\ddot{u}} = 0{,}75$ einen Radius von
$\varrho = 3{,}57$ cm.

Die Seiloberfläche pro km ist demnach $O = 224\,\text{m}^2$, und es ergibt sich die Erwärmung bei 12 Watt/m² Wärmeabgabe je Grad Celsius: $\vartheta = 15^0\,\text{C}$.

Es ist demnach sowohl wegen der Koronaverluste als auch wegen Vermeidung zu hoher Erwärmung nicht nötig, ein Hohlseil zu verwenden.

d) Spannungsabfall in der Leitung.

Derselbe beträgt:

$$e = 2417{,}5 \cdot \frac{21}{3000}\, 5600 = 94\,700\ \text{Volt}.$$

Das Kraftwerk muß demnach eine Spannung von $600 + 94{,}7 \sim 695$ kV liefern.

e) Leitungsverlust

$$V = 2 \cdot 2417{,}5^2 \cdot \frac{21}{3000} \cdot \frac{5600}{1000} = 455\,000\ \text{kW}.$$

Das Kraftwerk muß demnach eine Leistung von $2900 + 455 = 3355$ MW liefern.

Die Spannung in den einzelnen Stationen gehen aus der nachstehenden Tabelle 15 hervor.

Tabelle 15.

Station oder Strecke	Spannungsabfall		Spannung
	in der Leitung kV	in der Station kV	kV.
1. A. Kraftwerk + Pol	—	∙	+ 347,5
2. Strecke A—a, 1000 km . . .	16,9	—	—
3. Station a, Eingang	—	—	+ 330,45
Verbrauch, 300 MW	—	62	—
Ausgang.	—	—	+ 268,45
4. Strecke a—b, 1600 km . . .	27,0	—	—
5. Station b, Eingang	—	—	+ 241,45
Verbrauch 800 MW	—	166	—
Ausgang	—	—	+ 75,45
6. Strecke b—c, 1200 km . . .	20,3	—	—
7. Station c, Eingang	—	—	+ 55,15
Verbrauch, 600 MW	—	124	—
Ausgang	—	—	— 68,85
8. Strecke c—d, 800 km	13,6	—	—
9. Station, Eingang	—	—	— 82,45
Verbrauch, 1200 MW	—	248	—
Ausgang	—	—	—330,45
10. Strecke d—B, 1000 km . . .	16,9	—	—
11. B. Kraftwerk — Pol	—	—	—347,35
Summe:	94,7	600	

Man ersieht aus der Übersicht, daß für die Erdung im Kraftwerk die erzeugte Spannung in der Mitte zu teilen ist, so daß man $+347,5$ kV und $-347,5$ kV an den Ausgangspunkten A und B des Kraftwerkes erhält. In der Station C müßte, um hier erden zu können, die in den Stromaufnahmeapparaten bzw. -maschinen verbrauchte Spannung von 124 kV in $+55,15$ und $-68,85$ kV geteilt werden.

Bei derartig großen Anlagen liegt für die Ausführung als Serienanlage kein Grund vor, da man Stationen für 300 bis 1200 MW wohl ohne weiteres als Anlagen für volle Spannung bauen kann. Man ist daher in der Lage, die Anlage nach dem Parallelschaltungssystem auszuführen.

Es soll daher das Beispiel auch für Gleichstrom in Parallelschaltung berechnet werden.

2. Nach dem Parallelschaltungssystem.

Die Anlage in Parallelschaltung sieht etwas anders aus. Man hat dann zwei vom Kraftwerk abgehende Stränge A und B. Die Leitung zwischen b und c ist nur eine Reserveleitung und an sich für den Betrieb nicht notwendig. (Abb. 24 rechts.)

Da jeder Strang andere Belastungen und außerdem andere Entfernungen hat, müssen wir in bezug auf die Wahl der Betriebsspannung einen Kompromiß eingehen. Wir nehmen zunächst gleiche Querschnitte für jede Teilstrecke der Stränge an und verlegen die gesamte Last in den Belastungsschwerpunkt. Wir erhalten für die Spannungsbestimmung

$$\text{für A: } 1100 \text{ MW und } 2160 \text{ km}$$
$$\text{„ B: } 1800 \text{ „ } \quad \text{„ } 1540 \text{ „}$$

Es werden die wirtschaftlichen Werte für Spannung und Stromdichte in der gleichen Weise wie oben berechnet. Es ergibt sich für beide Strecken fast dieselben Werte, nämlich

$$\text{für A: } U_W = 238, \quad y_W = 0,86$$
$$\text{„ B: } U_W = 236, \quad y_W = 0,86$$

Wir wählen $2U = 2 \cdot 250$ kV.

Für die Querschnittsbestimmung rechnen wir zunächst mit der angenäherten Spannung von $2 \cdot 250$ kV und der Strombelastung $y_W = 0,86$ A/mm^2 und erhalten für die Teilstrecken folgende Querschnitte und Widerstände bei 60° C der Tabelle 16.

Tabelle 16.

Strecke	Querschnitt mm²	Widerstand Ohm
A—a	2×1000	$2000 \cdot \dfrac{21}{2000} = 21$
a—b	2×700	$3200 \cdot \dfrac{21}{1400} = 48$
B—d	2×1500	$2000 \cdot \dfrac{21}{3000} = 14$
d—c	2×1000	$1600 \cdot \dfrac{21}{2000} = 16{,}8$

In der nächsten Tabelle 17 sind die Ergebnisse der Berechnung der Spannungsverhältnisse und Leistungsverluste gegeben.

Es mußten, um mit gleicher Kraftwerksspannung im Strang A und im Strang B arbeiten zu können, die Endspannungen in b und c verschieden gehalten werden.

Tabelle 17.

Strecke oder Station	Be-lastung MW	Span-nung kV	Strom Amp.	Span-nungs-abfall kV	Verlust MW
a) Kraftwerk, Strang A .	—	600	—	—	—
1. Strecke A—a . . .	—	—	2200	41,4	101
2. Station a	300	558,6	—	—	—
3. Strecke a—b	—	—	1670	80	133,5
4. Station b	800	478,6	—	—	—
b) Kraftwerk, Strang B .	—	600	—	—	—
1. Strecke B—d . . .	—	—	3430	48	165
2. Station d	600	554,6	—	—	—
3. Strecke d—c	—	—	2340	—	—
4. Station c	1200	515,3	—	39,3	92
Summe:	2900	—	—	—	491,5

Der Wirkungsgrad der Übertragungsleitung allein ist:

$$\eta = 100 \, \frac{2900}{2900 + 491{,}5} = 85{,}5\,\% \, .$$

Wie sich aus der Tabelle ergibt, sind die Spannungsabfälle sehr bedeutend. Die Stationen müssen daher mit ausreichend großen Regelapparaten ausgerüstet werden.

3. Nach dem Parallelschaltungssystem mit Konstantspannung.

Man muß sich auch überlegen, ob es nicht vorteilhafter wäre, bei dem Parallelschaltungssystem mit konstanter Spannung zu arbeiten. Man würde also in allen Abnehmerstationen, eventuell auch wenn die Stationen zu weit auseinander liegen, in Zwischenstationen die Spannung wieder auf Normalspannung heben, so daß jederzeit von der Strecke Zwischenentnahmestellen mit guter Spannung gespeist werden können.

Wir haben angenommen, daß die Strecken A—a, a—b und B—d in der Mitte Spannungszusatzapparate erhalten. Ihr Verbrauch wird mit 5% der Zusatzleistung angenommen. Die Antriebsmotoren bzw. die Gleichrichter zur Entnahme der Zusatzleistung müssen an die volle Spannung angelegt werden.

Die Spannungsverhältnisse und Verluste sind aus der folgenden Aufstellung (Tabelle 18) zu ersehen.

Tabelle 18.

Strecke oder Station	Belastung MW	Spannung kV	Strom Amp.	Spannungs-abfall kV	Verlust MW
a) Strang A					
1. Station b	800	500	—	—	—
2. $^1/_2$ Strecke b—a . . .	—	—	1600	38,4	61,5
3. Spannungszusetzer . .	—	500	—	—	3,1
4. $^1/_2$ Strecke b—a . . .	—	—	1730	41,6	72
5. Spannungszusetzer . .	—	500	—	—	3,6
6. Station a	300	—	—	—	—
7. $^1/_2$ Strecke a—A . . .	—	—	2480	26,0	64,5
8. Spannungszusetzer . .	—	500	—	—	3,7
9. $^1/_2$ Strecke a—A . . .	—	—	—	27,5	—
10. Spannungszusetzer . .	—	—	—	0,7	—
b) Strang B					
1. Station c	1200	500	—	—	—
2. Strecke c—d	—	—	2400	40,4	97
3. Spannungszusetzer . .	—	—	—	—	4,8
4. Station d	800	500	—	—	—
5. $^1/_2$ Strecke d—B . . .	—	—	3810	26,7	101,5
6. Spannungszusetzer . .	—	—	—	—	5,0
7. $^1/_2$ Strecke d—B . . .	—	—	4020	28,2	113,0
8. Kraftwerk	—	—	—	—	601,7

Wirkungsgrad der Übertragungsleitung mit Konstantspannung durch Spannungszusetzer:

$$\eta = 100 \frac{2900}{2900 + 601,7} = 83\%$$

Die Verluste sind etwas größer, als bei Arbeiten mit Spannungsgefälle.

Wir hatten bei Spannungsgefälle:

Verlust 491,5 MW,

bezogen auf die Endleistung: 17 % Verlust; bei konstanter Spannung:

$$\text{Verlust } 601,7 \text{ MW,}$$

bezogen auf die Endleistung: 20,8 % Verlust.

Die Zahlen sind in bezug auf die prozentualen Verluste nicht ganz gleichwertig. Bei Spannungsgefälle arbeiten wir mit einer mittleren Spannung von etwa:

$$\frac{478,6 + 515,5}{4} + \frac{600}{2} = 548,5 \text{ kV}$$

bei konstanter Spannung mit 500 kV.

Dementsprechend sind also die Verluste, die quadratisch mit der Spannung fallen, bei der zweiten Methode größer.

Während man beim Arbeiten mit Spannungsgefälle ein Regelbereich von rund 25 % zu bewältigen hat, wird dasselbe bei Konstantspannungsbetrieb auf 6 % herabgedrückt.

Nachtrag.

In der Aufstellung über Apparate und Maschinen zur Erzeugung von Gleichstrom fehlt der neue Stromrichter von Marx, beschrieben in dem soeben erschienenen neuesten Heft der ETZ vom 4. August 1932 Seite 737 sowie in dem diesbezüglichen Werk von Marx, Lichtbogen-Stromrichter für sehr hohe Spannungen und Leistungen, soeben erschienen im Verlag von Julius Springer, Berlin. Es scheint eine sehr beachtenswerte Methode der Stromrichtung zu werden.

***Arnold-la Cour, Die Gleichstrommaschine.** Ihre Theorie, Untersuchung, Konstruktion, Berechnung und Arbeitsweise. Dritte, vollständig umgearbeitete Auflage. Von Dr.-Ing. e. h. **J. L. la Cour.** In 2 Bänden.
Erster Band: **Theorie und Untersuchung.** Mit 570 Textfiguren. XII, 728 Seiten. 1919. Unveränderter Neudruck 1923.
Gebunden RM 30.—
Zweiter Band: **Konstruktion, Berechnung und Arbeitsweise.** Mit 550 Textfiguren und 18 Tafeln. XI, 714 Seiten. 1927.
Gebunden RM 30.—

***Die Gleichstrom-Querfeldmaschine.** Von Ingenieur Dr. **E. Rosenberg,** Direktor der „ELIN" Aktiengesellschaft für elektrische Industrie, Wien - Weiz. Mit 102 Textabbildungen. V, 97 Seiten. 1928. RM 11.—

***Die Stromwendung großer Gleichstrommaschinen.** Von Dr.-Ing. **Ludwig Dreyfus,** Vorstand des Versuchsfeldes der Allmänna Svenska Elektriska Aktiebolaget (ASEA) in Västerås, Schweden. Mit 101 Textabbildungen. XII, 191 Seiten. 1929.
RM 16.—; gebunden RM 17.50

***Ankerwicklungen für Gleich- und Wechselstrommaschinen.** Ein Lehrbuch von Professor Dr.-Ing. **Rudolf Richter,** Karlsruhe. Mit 377 Textabbildungen. XI, 423 Seiten. 1920. Berichtigter Neudruck 1922. Gebunden RM 20.—

Elektrische Maschinen. Von Professor Dr.-Ing. **Rudolf Richter,** Karlsruhe.
*Erster Band: **Allgemeine Berechnungselemente. Die Gleichstrommaschinen.** Mit 453 Textabbildungen. X, 630 Seiten. 1924. Gebunden RM 32.—
*Zweiter Band: **Synchronmaschinen und Einankerumformer.** Mit Beiträgen von Professor Dr.-Ing. Robert Brüderlink, Karlsruhe. Mit 519 Textabbildungen. XIV, 707 Seiten. 1930. Gebunden RM 39.—
Dritter Band: **Die Transformatoren.** Mit 230 Textabbildungen. VIII, 321 Seiten. 1932. Gebunden RM 19.50

***Drehstrommotoren mit Doppelkäfiganker** und verwandte Konstruktionen. Von Professor **Franklin Punga,** Darmstadt, und Oberingenieur **Otto Raydt,** Aachen. Mit 197 Textabbildungen. VII, 165 Seiten. 1931. RM 14.50; gebunden RM 16.—

***Der Drehstrom-Induktionsregler.** Von Dr. sc. techn. **H. F. Schait.** Mit 165 Textabbildungen. VIII, 356 Seiten. 1927.
Gebunden RM 25.50

***Die wirtschaftliche Regelung von Drehstrommotoren durch Drehstrom-Gleichstrom-Kaskaden.** Von Dr.-Ing. **H. Zabransky.** Mit 105 Textabbildungen. IV, 112 Seiten. 1927. RM 9.—